Kundenverblüffung

Jörg Neumann | Philip Eicher

Kreative Tipps, wie Sie Ihre Kunden nachhaltig an sich binden

Bibliografische Information der Deutschen Nationalbibliothek:
Die Deutsche Nationalbibliothek verzeichnet diese Publikation in der
Deutschen Nationalbibliografie. Detaillierte bibliografische Daten sind im Internet über
http://dnb.d-nb.de abrufbar.

Für Fragen und Anregungen:
neumann@redline-verlag.de
eicher@redline-verlag.de

3. Auflage 2012

© 2010 by Redline Verlag, ein Imprint der Münchner Verlagsgruppe GmbH,
Nymphenburger Straße 86
D-80636 München
Tel.: 089 651285-0
Fax: 089 652096

Redaktion: Desirée Šimeg
Umschlaggestaltung: Thomas Uhlig, www.coverdesign.net
Umschlagabbildung: K. V. Ijzendoorn/dreamstime.com
Satz: HJR, Manfred Zech, Landsberg am Lech
Druck: Konrad Triltsch, Ochsenfurt
Printed in Germany

ISBN 978-3-86881-280-0

Weitere Infos zum Thema

www.redline-verlag.de

Gerne übersenden wir Ihnen unser aktuelles Verlagsprogramm.

Inhalt

Vorwort von Jörg Neumann 9

Vorwort von Philip Eicher 11

1 Opening Act 13

Soundcheck 15

Steckbriefe & Portraits der Familie Friedmann 19
Joe Friedmann 19
Jeanette Friedmann 19
Matteo Friedmann 20
Laura Friedmann 20

2 The Show 21

Wochenplan 23

Sonntag 25
Gelbe Karte 25

Montag 29
»Ich dachte, Sie arbeiten damit!« 29
0800 & mehr 32

Dienstag 36
Und jetzt ganz weit aufmachen 36
Da ist was krank 39
Spaßbremse 47
Albtraumstimmung im Hotelbett 51

Mittwoch **58**
Krass uncool 58
Hallo, Frau Friedmann 61
www.reisebuero.com/zukunft 63
Eine Speiche locker 67

Donnerstag **70**
Verstaubte Geschichte 70
Haarige Geschichten 73
Gastlich- oder Garstigkeit? 77
Handwerkskunst 83
Strukturierte Produkte 87

Freitag **91**
Wellnesskur für das Vierrad 91
Wer zu spät kommt 94
Zu Ihren Akten 96
Einfaches Verfahren – ganz schön kompliziert 99

Samstag **103**
Ich hab's ja gewusst 103
Menschenbeförderer 106
Pflicht oder Kür? 111

3 We want more **119**

»We can't get no satisfaction!« **121**
Die Einstellung 122
Die Aufstellung 127
Die Bereitstellung 129
Kunde – wer ist damit gemeint? 132
B2C oder B2B – für das Verblüffen fast kein Unterschied! ... 138
NeumannZanetti & Partner – die Klassiker 146
Zugabe: »Simply the best!« 160

4 Standing Ovations 167

»We are the champions« 169
Herzlich willkommen zurück nach dem Urlaub! 169
Ihr persönlicher Service- und Reparaturfachmann 170
Persönliche Korrespondenzkarten 171
Bunter Frühlingssalat 172
Mama- und Papa-Service 173
Wir freuen uns – Terminbestätigung 174
Wenn der Regenwurm im Hotelzimmer wohnt 175
Entspannungsfußbad im Business-Meeting 176
Welcome-Back-Karte 177
Gute (Rück-)Reise 178
Hier fehlt ein Knopf 179
Namenstaufe einmal anders (1) 180
Namenstaufe einmal anders (2) 181
Eine Hundetankstelle auf 1.900 Metern 182
Habe an dich gedacht 182
Gut im Bett! 183
Bingo! 184
Ein Bild sagt mehr als tausend Worte (1) 185
Ein Bild sagt mehr als tausend Worte (2) 186
Ein Notenständer als Parkplatzschild 187

5 Aftershow-Party 189

»The Show must go on« 191
Best of Weekly Empowerments 191
Auswertung zum Kundenverblüffungstest 214

Autoreninformation 217

Danksagung 218

Weiter inspirierende Publikationen von
NeumannZanetti & Partner 220

Vorwort von Jörg Neumann

Kundenverblüffung – kein Thema hat die bald 15-jährige Geschichte von NeumannZanetti & Partner stärker geprägt. Und kein anderes Thema oder Projekt hat den Alltag unseres Unternehmens ähnlich stark verändert. Täglich verblüfft unser Team Kunden, und jeden Tag ist Kundenverblüffung im Unternehmen ein Thema, über das gesprochen wird. Um dies zu erreichen, braucht es natürlich Impulse. Der stärkste Impuls und die größte Motivation sind positive Rückmeldungen und Weiterempfehlungen von Kunden – und auch die gehen längst täglich ein!
Was hat dazu geführt? Wozu hat dies alles geführt? Wie lebt man Kundenverblüffung im Alltag? Wie kann Kundenverblüffung für Sie Ähnliches bewirken? Dies sind Fragen, die uns für diese vollständig überarbeitete Auflage ebenso anleiteten wie der Auftrag, Sie ähnlich gut zu unterhalten wie Daniel Zanetti in der ersten Version.
Erlauben Sie mir zwei, drei Gedanken vorab, zunächst zum Stichwort Unterhaltung. Joe Friedmann begleitet Sie auch durch einen Teil dieses Buchs. Denn in Kapitel 2 erleben Sie ihn erneut mit seiner Familie: In der letzten Woche vor den Ferien sind Joe, Jeanette, Laura und Matteo Friedmann Kunden wie jede andere Familie auch. Lesen Sie selbst, wie es sich anfühlt, »Kunden wie du und ich« zu sein.
Wie kann Kundenverblüffung für Sie und Ihr Unternehmen den Alltag positiv und nachhaltig verändern? Dieser Frage widmen wir gleich zwei Kapitel: »We want more« (Kapitel 3) und »Standing Ovations« (Kapitel 4). Einerseits sollen diese Anregungen Ihnen bei der Umsetzung im Alltag helfen, andererseits zu genau dieser inspirieren. Letzteres bewirken hoffentlich die vielen Best-Practice-Beispiele, die wir für Sie bereithalten.
Ein kluger Kopf sagte einmal: Wer Werte schätzt, wird auch Werte schöpfen. Wie recht er hat, denn auf echte Wertschätzung folgt Wert-

schöpfung meist wie von selbst. Und alles in allem bedeutet die Philosophie der Kundenverblüffung wohl am ehesten eines: Kunden systematisch echte und ehrliche Wertschätzung zu zeigen. Warum systematisch? Damit sie im Alltag nicht untergeht.

Dem gibt es nichts hinzuzufügen – außer: viel Spaß!

Jörg Neumann

Vorwort von Philip Eicher

In Deutschland spricht man von der Servicewüste. In der Schweiz wünscht man sich das freundliche Personal des Nachbarlandes Österreich. Und in Österreich möchte man nicht so werden wie in Deutschland. Alle Welt lamentiert über mangelnde Servicequalität und ungenügende Kundenorientierung. Warum ist das so? Ist das wirklich immer noch Realität?

Ich erinnere mich sehr gut an ein Gespräch mit einem regionalen Wirtschaftsförderer für mittelständische Betriebe. Er hatte mich am Flughafen abgeholt und chauffierte mich zu dem Ort, an dem ich an den zwei folgenden Tagen ein öffentliches Seminar zum Thema Kundenverblüffung durchführen durfte. Er beklagte sich über die schwierige Situation mit den verwöhnten und schwierigen Kunden. Eigentlich müssten sich die Kunden zu einem Benimmseminar anmelden, um wieder zu lernen, was sich als Kunde gehört! Diese Meinungsäußerung vernahm ich nicht zum ersten Mal. Innerlich schüttelte ich den Kopf. Und dann hörte ich mich, wie mir folgende Worte über die Lippen rutschten: »Jeder verdient die Kunden, die er hat!« Da herrschte aber mit einem Schlag Ruhe im Auto ...

Die Einstellung dieses Wirtschaftsförderers zeigt einen Grund auf, warum mangelhafte oder zumindest mittelmäßige Servicequalität heute immer noch vorherrscht. Ein anderer Grund sind die Auswirkungen der »Geiz ist geil«- beziehungsweise Rabattstrategien. Nun wird man die Geister, die man rief, nicht mehr los. Denn so werden Kunden zu gierigen und fordernden Konsumenten erzogen, die möglichst viel für möglichst wenig Geld wollen. Darunter leidet dann eben oft die Servicequalität.

Mit *Kundenverblüffung* wollen wir zu einer positiveren und aufrichtigen Haltung gegenüber Kunden beitragen. Die Erfahrung zeigt, dass diese Einstellung vermehrt zu erfreulichen Erlebnissen führt – auf beiden Seiten der Kasse.
Are you ready to rock?!
Verblüffend gute Unterhaltung wünscht Ihnen

Philip Eicher

1 Opening Act

Soundcheck

Sonntage wie dieser sind äußerst selten und etwas ganz Besonderes. Aus diesem Grund schleiche ich mich leise aus dem Schlafzimmer, um für die ganze Familie ein richtig leckeres Frühstück auf den Tisch zu zaubern. Gestern Abend besuchten wir zum ersten Mal gemeinsam ein Konzert, und in genau einer Woche fliegt die ganze Familie zusammen für zwei Wochen in die Ferien.

Überhaupt befindet sich unser »Unternehmen Familie« in einer wunderbaren Phase, auch wenn die beiden Kinder momentan in einem eher rebellischen Lebensabschnitt stecken. Meine Frau Jeanette musste gerade in den vergangenen Wochen alle Register der Familienorganisation ziehen, um Teilzeitarbeitsstelle, Ferienvorbereitungen und Familienmanagement unter einen Hut zu bringen. Umso mehr freue ich mich, meinen Lieben mit einem feinen Frühstück den Start in den Sonntag zu verschönern. Als Dankeschön für den tollen Familienzusammenhalt.

Ein schönes Beispiel dafür ist sicherlich der gestrige gemeinsame Konzertbesuch. Der Abend war wahrlich ein tolles Spektakel und ein spezielles Erlebnis, das mir noch lange in Erinnerung bleiben wird. Während die Kaffeekanne langsam zu blubbern beginnt und der herb-würzige Duft sich in der Küche ausbreitet, steigen in mir die Bilder vom gestrigen Abend wieder auf ...

Wie wir so dastanden – mitten im Publikum –, den Klängen der Band lauschend, den bewegenden Geschichten des Sängers folgend und der magischen Bühnenshow, da wurde mir zum ersten Mal etwas so richtig bewusst: Die faszinierende Welt der Konzerte und diejenige der Kundenorientierung haben sehr viele Gemeinsamkeiten. In meinem Job als Kundendienstleiter verstehe ich mich auch sehr oft als Dirigent eines Orchesters, das möglichst harmonisch nach innen und außen klingen soll. Und in den magischen Momenten gestern Abend taten sich mir spannende Parallelen auf. Plötzlich wurde mir klar, dass sich eine Menge emotionale Aspekte eines Konzerterlebnisses mit denjenigen im Kundenkontakt vergleichen lassen!

Das Öffnen des Vorhangs ist nichts anderes als das Aufschließen des Ladenlokals oder das Freischalten der Telefonleitungen. Das Betreten der Bühne erfordert die gleiche und kompromisslos willkommen heißende Haltung wie der Schritt in die Ladenfläche. Das Bühnenbild will genauso durchdacht und attraktiv sein wie ein gut eingerichteter Arbeitsplatz. Dann kann die Show losgehen. Und alles beginnt mit einigen Worten zum Publikum: »Hello everybody, thank you for coming!« oder: »Thank you for listening to our music!« Ah, tun diese Worte der Wertschätzung gut!

Danach gibt es nur noch ein Ziel (ersetzen Sie nachfolgend das Wort Publikum immer wieder durch Kunden): für sein Publikum stets das Beste zu geben. Jedes Mal von Neuem! Bestimmt kein leichtes Unterfangen, auch für Profimusiker, die während einer langen Tournee mehrmals die Woche immer wieder die gleichen Songs spielen. Die Songs sind sozusagen die Dienstleistungen und Produkte der Künstler. Die Protagonisten auf der Bühne entsprechen einem eingespielten Verkaufs- oder Beraterteam und die Show schließlich ist nichts anderes als ein Top-Kundengespräch mit der gewissen Würze durch Inszenierung und Unterhaltungswert.

Das Publikum ist dann zufrieden, wenn im Saal eine gute Stimmung herrscht. Wenn die Menschen auf der Bühne mit Herzblut und Leidenschaft dem Publikum ein fröhliches Lachen aufs Gesicht zaubern. Dazu tauschen sich die Künstler mit dem Publikum aus, erfragen ihr Befinden und offerieren oftmals die Möglichkeit, sich seine Lieblingssongs zu wünschen (»Any requests?«). Sie erzählen von ihren Erlebnissen und Erfahrungen, versuchen Gemeinsamkeiten mit ihrem Publikum herzustellen. Dadurch schaffen sie Nähe und Verbundenheit. Der Konzertbesuch bleibt dem Publikum dann besonders lange und positiv in Erinnerung, wenn die Künstler nicht nur die Erwartungen an den Auftritt erfüllen, sondern diese sogar noch übertreffen.

Doch auch in der Musikwelt bleibt nicht immer alles positiv haften. Waren Sie nach einem Konzertbesuch auch einmal enttäuscht? Woran lag es? War die Show einfach mies, wirkten die Künstler unmotiviert und gelangweilt oder waren die Songs so schlecht interpretiert, dass Sie lieber zu Hause die CD in die Stereoanlage geschoben hätten? Das kommt besonders leicht vor, wenn ein Künstler, der in überschaubarer Umgebung brilliert, in einer großen Halle auftritt. Dann ist plötzlich der Rahmen eine Nummer zu groß – Intensität und Intimität der Stimme und des Auftritts kommen nicht mehr rüber ... Möglicherweise waren aber auch ganz einfach Ihre Lieblingssongs nicht im Repertoire des Konzertabends?

Oft erwische ich mich nach einem Konzertbesuch, dass ich den Abend mit folgenden zwei Fragen resümiere: Was hat meine Erwartungen nicht erfüllt? Was hat sie übertroffen? Denn in der Regelmäßigkeit, wie ich auf Konzerte gehe, kann ich mittlerweile auch den Vergleich zu anderen, ähnlichen Veranstaltungen ziehen. Diese beiden Fragen führen uns wieder zurück in die Konzertsäle der Kunden – also in die Restaurants, Shops, Callcenter, Bahnhöfe, Bankschalter und so weiter. Welche Eindrücke vermitteln dort die »Künstler«? Wird die Bühne in der Kundenwelt so genutzt, dass man schöne Erinnerungen mit nach Hause nehmen kann? Und was, wenn ich plötzlich eine Art Fanbeziehung aufbaue?

Meine Gedanken werden plötzlich unterbrochen, als sich Laura – meine Tochter – von hinten anschleicht und mich mit einem neuen Handyklingelton erschreckt. Dies tut sie mit großem Vergnügen, wie mir scheint. Laura ist ein aufgewecktes Mädchen, voller kreativer Energie und unendlicher Fantasie. Ihre noch jungen, teils etwas ungestümen Ambitionen resultieren in der Schule in höchst erfreulichen Resultaten. Mit all dieser Energie sind für sie die zwei bis drei Nachmittage bei ihrem Pflegepferd wie Feiertage und sie freut sich bereits riesig auf den Reitkurs in den Ferien.

Laura übernimmt das Pressen des frischen Orangensafts. Diese unaufdringliche Hilfsbereitschaft hat sie von ihrer Mutter geerbt. Ihr Bruder Matteo könnte sich da eine dicke Scheibe abschneiden. Gestern beim Konzert war er richtig aufgedreht! Kein Wunder – war es doch ursprünglich seine Idee, diese Band live zu erleben. Musik ist etwas, das die ganze Familie verbindet. Und das durch die verschiedensten Genres und Kategorien. Neben der Musik interessiert sich Matteo für zahlreiche Sportarten. Er hat sich bis jetzt noch nicht wirklich zwischen Fußball und Tennis entscheiden können. Beide Sportarten bereiten ihm viel Freude, und bei beiden beteiligt er sich am Vereinsleben – das gefällt mir gut. Natürlich eifert er seinen Idolen auch in der virtuellen Welt nach und wird auf seiner Spielkonsole häufig sportlich aktiv.

Laura und ich sind so weit, bis auf die Rühreier steht ein wunderbar angerichteter Frühstückstisch bereit. Jeanette ist wohl schon im Badezimmer – jetzt wird's aber Zeit. Ich bewundere sie schon ein wenig für die Art und Weise, wie sie – nicht nur derzeit – alles unter einen Hut bringt. Gut, dass nun bald zwei Wochen Urlaub bevorstehen. Erholsame Tage ohne Verpflichtungen ... genau das, was wir brauchen. Doch in der kommenden Woche gibt es noch einige Dinge zu erledigen, vorzubereiten und in die Hand zu nehmen.

Begleiten Sie uns und erfahren Sie, wo begeisternde »Konzerte« stattfinden. Vergleichen Sie Ihre Erlebnisse als Kunde mit unseren. Und erfahren Sie, welche verblüffend guten Leistungen zu wunderschönen Geschichten führen, die auch weit über die Ferien hinaus positiv nachhallen.

Enjoy the show!

Joe Friedmann

Steckbriefe & Portraits der Familie Friedmann

Joe Friedmann

Alter: 43 Jahre
Tätigkeit: Kundendienstleiter eines Bauzulieferers
Hobbys: Mountainbike fahren, Wandern, Städtereisen, seltene Schallplatten sammeln, FC Basel Fan und ehrenamtlicher Juniorentrainer
Lieblingsessen: Rösti in allen Variationen
Lieblingsgetränk: Ein kühles Dunkles
Lieblingsmusik: David Bowie, Pink Floyd, Crowded House, Coldplay, U2
Lieblingsfilme: *Der Pate*, *Gangs of New York*, Clint-Eastwood-Filme

Jeanette Friedmann

Alter: 39 Jahre
Tätigkeit: 10 % Buchhaltungsassistentin, 100 % Hausfrau
Hobbys: Wandern, Reiten, Singen in einem A-Capella-Chor, Theater, Shopping
Lieblingsessen: Mexikanische Küche, vor allem Enchiladas
Lieblingsgetränk: Ein feiner roter Tropfen ist immer richtig
Lieblingsmusik: Katie Melua, Josh Stone,

David Gray, Anastacia, Lucie Silvas
Lieblingsfilme: *Titanic, Moulin Rouge, Driving Miss Daisy, Die Herbstzeitlosen*

Matteo Friedmann

Alter: 14 Jahre
Tätigkeit: Schüler (Oberstufe)
Hobbys: Gitarre spielen, Tennis, Fußball, Biken, Snowboard fahren, Videospiele
Lieblingsessen: Spaghetti Bolognese, Lasagne, Früchte
Lieblingsgetränk: Eistee
Lieblingsmusik: Kings of Leon, Muse, Coldplay, Lovebugs, Green Day, Snow Patrol, Wintersleep, Pearl Jam
Lieblingsfilm: *Avatar, Final-Destination-*Reihe, *Hangeover*, Italowestern

Laura Friedmann

Alter: 9 Jahre
Tätigkeit: Schülerin (Grundschule)
Hobbys: Reiten, Brieffreundschaften per E-Mail, Klavier spielen
Lieblingsessen: Mamis Apfelküchlein
Lieblingsgetränk: Apfelsaft
Lieblingsmusik: Beyoncé, Söhne Mannheims, Norah Jones, Lilly Allen, Ich + Ich
Lieblingsfilme: *New Moon, Oben, Ice Age, Harry Potter, Madagaskar*

2 The Show

Wochenplan

Familie Friedmanns Agenda

Sonntag	Montag	Dienstag	Mittwoch	Donnerstag	Freitag	Samstag
	10.00 Joe Abteilungs-leiter-Meeting		Matteo-Schnuppertag	9.00 Laura Museums-Besuch mit der Schule	07.45 Joe Auto in den Service bringen	10.00 Jeanette & Joe Schul-Vortrag
	Joe Telefon-Provider anrufen	11.00 Matteo Zahn-Reinigung	Jeanette Handwerker-Termin vereinbaren	9.30 Jeanette Friseur-Termin		
12:00	12:00	12:00	12:00	12:00	12:00	12:00
		Jeanette Angela im Spital besuchen		12.00 Jeanette Mittagessen mit Anita	Jeanette Die Kids bringen zwei Freunde mit	14.00 Taxifahrt zum Flughafen
		Jeans und Hemden kaufen	Jeanette Reise-Unterlagen beziehen	14.00 Jeanette Handwerker-Termin	Jeanette Post prüfen vor den Ferien	16.40 Abflug in die Ferien!
16.00 Matteo & Joe Fussball-Match		Joe Anreise zur Teamklausur	18.00 Joe Fahrrad abholen	16.00 Joe Bank-Gespräch	Joe Steueramt anrufen	

Sonntag
Sonntagnachmittag, 15:50 Uhr

Gelbe Karte

Matteo: »Na komm schon, Papa, wie tippst du das Spiel heute? Das kann doch nicht so schwer sein ...«

Joe: »Das sagst du! So ein Vorbereitungs-Match ist kein normales Spiel. Und dann erst noch gegen einen so starken Gegner.«

»Ich tippe 4 zu 1 für die Bayern – los, jetzt du.«

»Da hast du vielleicht recht. Aber man kann ja nie wissen, mit welchen Spielern sie wirklich auftreten. Spielt die erste Mannschaft? Wenn ja, wie lange? Sind sie schon fit für die Saison oder müde durch das Aufbautraining? So ein Spiel kann man gar nicht seriös tippen.«

»Heißt das, du gibst auf?«

»Nein, natürlich nicht. Jetzt, wo unser Tippspiel von diesem einen Spiel abhängt – außerdem lasse ich es mir doch nicht entgehen, dass du einen ganzen Monat lang Rasen mähst. Also – ich tippe ...«

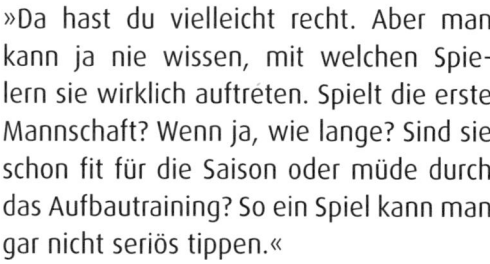

»Du gewinnst eh nicht. Und ich lasse mir das neue Trikot von Robben erst recht nicht entgehen!«

»Also, ich tippe 3 zu 1 für die Bayern.«

»Das ist nicht fair!«

»Was?«

»Das hast du doch bei mir abgeguckt.«

»Aber du tippst ja 4 zu 1.«

»Ja und? Das ist feige getippt.«

»Hallo?! So was sagt man nicht! Feige ist völlig unpassend – nimm das zurück.«

»Okay, entschuldige. Aber mutig ist es nicht.«

»Was heißt schon mutig? Warum hast du denn zuerst getippt?«

»Weil ich es eben schon wusste.«

»Na, wenn du es ja schon weißt, dann gewinnst du ja auch ... Mal was anderes, heute kommen wir aber gerade mal so pünktlich. Warum sind wir denn eigentlich so spät dran?«

»Das fragst du? Wer wollte denn ausgerechnet heute ohne Auto zum Fußball?«

»Jetzt guck dir das an!«

»Was?«

»Schau dir mal die Warteschlangen vor den Eingängen an! Hey, es ist zehn vor vier! Wir wollen da rein.«

»Mann hey, jetzt kommen wir auch noch zu spät!«

»Wollen wir es auf der anderen Seite probieren?«

Ein anderer Stadionbesucher: »Vergessen Sie's – da warten genau so viele. Heute sind zu wenig Tore auf – wer da wohl wieder geschlafen hat?«

»Ich fass' es nicht. Die Bayern kommen – und die schaffen es nicht, die Zuschauer schnell genug ins Stadion zu lassen.«

»Papa, lass uns beim nächsten Mal um Himmels willen wieder mit dem Auto bis zur S-Bahn fahren.«

»Ja, da hast du recht. Hast du mal 'nen Kaugummi?«

Die vier ????

Nr. 1: Immer wieder gehört das Anstehen vor den Stadiontoren zum Fußballspiel wie der Stau vor dem Gotthardtunnel zur Urlaubsfahrt nach Italien. Warum schafft es mancher Verein nicht, die Einlasskontrolle im Stadion der erwarteten Zuschauerzahl anzupassen?

Nr. 2: Jeder zweite Kiosk bietet heute frische Früchte, Obstsalat oder Wraps als Zwischenmahlzeit an. Warum gibt es in kaum einem Fußballstadion derart leichte Kost als Verpflegung? Okay, eine Bratwurst gehört für viele dazu, aber muss das restliche Angebot denn wirklich ausschließlich aus Frikadellen und schlabberigen Sandwiches bestehen?

Nr. 3: Wie schlecht kann es eigentlich in Toiletten riechen?! Toiletten in einem Fußballstadion darf man nicht mit denen eines Hotels oder eines Restaurants vergleichen – würde man aber gerne. Lufterfrischer sind doch bereits erfunden – warum sind sie denn in den Toiletten von Fußballstadien nicht zu finden, und warum sind diese noch dazu oft schlecht belüftet?

Nr. 4: Warum werden Straßenbahnen, die zum Stadion fahren, mit Besuchern derart überfüllt, dass man um sein Wohl bangen muss? Und zwar als Erwachsener! Fragen Sie sich einmal, wie es da erst Kindern und Jugendlichen geht. Es ist wirklich schwer nachvollziehbar, warum bei diesen Fahrten nie ein Kontrolleur zu sehen ist und eine Art Ausnahmezustand scheinbar in Kauf genommen wird.

So machen Wartezeiten schon fast Spaß

- Auch das Eintreffen der Gäste für eine Zirkusvorstellung kann die eine oder andere Warteschlange verursachen. Ein Zirkus in der Schweiz unterhält die wartenden Gäste mit kleinen Einlagen der Clowns.
- Warteschlangen im Freizeitpark – auch nicht gerade eine Freude. Immerhin gibt es Freizeitparks, die in den Wartezonen kurze Filme abspielen, sodass die Zeit nicht ganz verloren ist.

- Warten im Stau – das ist besonders nervig, wenn man keine Ahnung hat, wie lange der Stau andauern könnte. Die Radiosender berücsichtigen dies immer mehr – sie geben möglichst genau an, wie lange die Wartezeit in Staus geschätzt noch dauern wird. Diese Information hilft immerhin schon ein bisschen.
- Warten im Stau zum zweiten: die Stauberater und -helfer des ADAC verteilen während der großen Urlaubsstaus kühle Getränke und Routentipps. Bravo!
- Falls bei einer Bergbahn in der Zentralschweiz der Ansturm mal größer ausfallen sollte als erwartet und längere Wartezeiten entstehen, sind verärgerte Kunden selten: Schon beim Fahrkartenverkauf wird dem Fahrgast ein Sudoku oder Kreuzworträtsel zusammen mit einem Stift ausgehändigt. Für Kinder gibt es einen Lutscher. Anschließend in der Warteschlange stehen eine Kaffeemaschine, frisches Bergwasser und Sirup für die Kinder bereit. Die Getränke sind gratis.
- Ambitionierte Open-Air-Veranstalter verteilen am Eingang bei schlechtem Wetter Regenponchos und bei großer Hitze Mineralwasser.

Wunschkonzert!

Auf Tickets oder Eintrittskarten sollten Veranstalter immer notieren, welche Gegenstände (von der Mineralwasserflasche bis zum Schirm) *nicht* mit in die Veranstaltung genommen werden dürfen. So lassen sich unliebsame Überraschungen bei der Eintrittskontrolle vermeiden.

Montag
Montagvormittag, 09:50 Uhr

»Ich dachte, Sie arbeiten damit!«

Der Montagvormittag ist im Büro nicht gerade meine Lieblingszeit. Gut, irgendwie ist der ganze Montag nicht mein Lieblingstag, aber der Vormittag verläuft oft besonders anstrengend. Zu viele kleine Meetings und Ereignisse, die ein effizientes Arbeiten geradezu unmöglich machen. So auch diesmal. Genau zehn Minuten vor meinem Gang zum Abteilungsleiter-Meeting steht ein Teammitglied vor mir: Nathalie Ebnöther. Neben ihr Rolf-Peter Affentranger aus dem Informatikteam. Beide schauen mich an. Was ist los? Nun, ein Handbuch, von dem Rolf-Peter Affentranger glaubt, es sei täglich im Einsatz, ist in meinem Team anscheinend ziemlich unbekannt.

»Frau Ebnöther, Herr Friedmann, ich dachte, dieses Dokument ist bei Ihnen im Team bekannt. Ja mehr noch, ich dachte eigentlich, Sie arbeiten damit ...«

Nathalie unterbricht ihn: »Na, was Sie sich alles denken! Wir verstehen ja nicht mal genau, was da notiert ist. Es war nur eine Frage der Zeit, bis wir nicht mehr weiterkommen ...«

Dieser Montagvormittag ist also auf dem besten Weg, seinem schlechten Ruf alle Ehre zu machen. Für IT-Probleme gibt es ja nie einen richtigen Zeitpunkt. Aber muss es denn ausgerechnet jetzt sein? Allein die Diskussion mit den beiden kostet mich fünf der zehn bis zum Meeting verbleibenden Minuten. Und die anderen fünf reichen nicht für die

Lösung. Also eine Angelegenheit mehr, die wichtig und dringend ist, und eine Chance weniger, an diesem Montag mit meinen Aufgaben gut vorwärtszukommen. Dabei habe ich so gehofft, gut in die Woche zu starten, um kurz vor den Ferien nicht schon wieder Nachtschichten einplanen zu müssen.

Auf dem Weg ins Meeting in der Teppichetage gehen mir einige Gedanken zu unseren IT-Kollegen durch den Kopf. Die sollten mal zwei Tage bei uns mitarbeiten, hautnah an den Kunden, die unsere Löhne zahlen. Deren Ansprüche sind nämlich noch viel höher als die innerhalb der Firma. Dann wäre es vielleicht völlig normal, dass unser IT-Team immer wieder zu den gleichen Themen Rückfragen erhält, obwohl diese doch früher schon besprochen wurden. Es wäre sowieso spannend, den »ITlern« mal meine Erwartungen aufzuzeigen, wie die Zusammenarbeit sehr viel – hoppla! – zwei Minuten vor zehn. Mein Handy klingelt und erinnert mich daran. Ich lege einen Zahn zu und bin pünktlich im Meeting. Na immerhin etwas.

Die 4 ????

Nr. 1: Warum wundern sich Informatikspezialisten oft, dass ihre Kollegen oder Kunden Dokumente nicht gründlich lesen, die sie aus IT-Sicht unbedingt lesen und (besser noch) verstehen sollten?

Nr. 2: Warum sind sie oft über die Tatsache erstaunt, dass Kollegen »einfache« Fachbegriffe nicht verstehen?

Nr. 3: Warum ist es für sie unverständlich, dass Anwender immer wieder selbst scheinbar einfache Probleme nicht lösen können?

Nr. 4: Warum sind Erklärungen von Informatikern nur sehr selten anschaulich und für Laien nachvollziehbar oder werden zum besseren Verständnis visualisiert?

So wäre es besser ...

- Es gibt Informatikspezialisten, die einfach und verständlich über IT-Fragen sprechen. Sie lassen den einen oder anderen Fachbegriff weg, denn ohne Hilfe wissen Anwender meist weder, was »Schattenkopieren« ist, noch was »HyperV Level A« bedeutet.
- Andere Informatikspezialisten haben sich angewöhnt, nachzufragen, ob ihre Anwender die Informationen, Erklärungen oder Abläufe auch wirklich verstanden haben. Die *Kontrollfrage* ist als Gesprächsführungstechnik nämlich schon erfunden! Sie muss nur eingesetzt werden.
- Es gibt sogar ITler, die ihre Arbeitskollegen und Kunden loben: Macht jemand während des Supports oder nach einem Training etwas richtig, zeigen sie dafür Wertschätzung. Das motiviert alle anderen enorm und die Wertschätzung fließt noch dazu bestimmt zurück.
- Vorbildlich verhalten sich auch die Informatikkollegen, die zum Schluss eines Supports oder Einsatzes klar aufzeigen, wie es weitergeht. Wer macht was als Nächstes bis wann? Diese Klarheit hilft dabei, Missverständnisse zu vermeiden, und sorgt für einen zufriedenstellenden Abschluss einer Intervention.
- Beim Einrichten eines neuen IT-Arbeitsplatzes gibt es zwei weitere Chancen für Kundenverblüffung: eine persönliche Nachricht als Bildschirmschoner hinterlassen oder eine Auswahl an Fotos für das Hintergrundbild anbieten.

Wunschkonzert!

Gute Nachrichten: Der Smiley ist bereits erfunden. Immer wieder trifft man ihn an den Arbeitsplätzen Ihrer (internen oder externen) Kunden. Diese würden sich über einen Smiley mit Ihrer Telefonnummer sowie den Servicezeiten sicher freuen. Ob als Aufkleber, Post-it oder kleines Factsheet – die Form spielt keine Rolle. Die Geste zählt.

Montagmittag 12:15 Uhr

0800 & mehr

Regenbogenforelle mit Kartoffelgratin und Saisongemüse: Typisches Kantinenessen gab es heute Mittag, aber – Ehre, wem Ehre gebührt – es war lecker zubereitet. Der Fisch war saftig und mit Rosmarin gebraten, die Kartoffeln waren gut gewürzt und die Auswahl beim Gemüse groß.

Schwuppdiwupp, schon ist der Teller geleert, und ich stelle einmal mehr fest, dass ich in der Firma viel schneller esse als zu Hause. Damit reicht die Zeit allerdings noch, um zwei, drei Anrufe zu erledigen. Beim Blick auf meine Notizen entscheide ich mich zunächst für den Anruf bei meinem Telefonanbieter. Zu Hause haben wir diesen nämlich vor Kurzem gewechselt. Alle Beteiligten waren sicher, dass der Wechsel reibungslos verläuft. Denkste! Freitag um 11 Uhr wurden Anschluss, Modem und Was-weiß-ich-was gewechselt, und genau seit diesem Zeitpunkt können wir nicht mehr ins Ausland telefonieren. Und ins Internet kommen wir auch nicht.

Nun gut, das ist kein Drama. Aber dennoch will man diesen Zustand schnell wieder abstellen. Gesagt, getan: Ich wähle die 0800er-Nummer unseres Telefonanbieters. Nach sehr moderater Wartezeit schildere ich meine Situation. Die Mitarbeiterin nimmt die Informationen auf, verabschiedet sich kurzfristig zwecks Rücksprache und will mich dann verbinden. Doch damit verabschiedet sie sich endgültig. Denn sie wirft mich aus der Leitung.

Auch das ist kein Drama. Ich rufe wieder an – und dann geht es los. Ich habe praktisch keine Chance, erneut an die Mitarbeiterin zu gelangen, der ich bereits alles erzählt habe. Und da sie die Informationen noch nicht in der EDV eingegeben hat, findet mich und mein Anliegen auch kein anderer Mitarbeiter. Also darf ich alles noch einmal erzählen – und hoffen, dass das Verbinden diesmal klappt. Was verstehen die eigentlich unter Kundenorientierung?

Die vier ????

Nr. 1: Warum stehen auf immer mehr Briefen (beispielsweise auf Rechnungen) keinerlei Telefonnummern mehr, und erst recht nicht die Durchwahlnummern in die richtige Abteilung? Glauben Telefondienstleister oder Versicherungen allen Ernstes, dass sie uns Kunden mit der Zeit bei Fragen alle über das Internet »abfertigen« können?

Nr. 2: Beim Anruf bei einem Telefonanbieter soll man sehr oft die eigene Telefonnummer ein- oder angeben. Das soll wohl die Zuteilung erleichtern und die Information des Mitarbeiters zum Kunden verbessern. Warum rufen dann allerdings Telefondienstleister nicht zurück, wenn sie ihre Kunden aus der Leitung werfen?

Nr. 3: Natürlich verstehen Kunden, dass in einem Kundendienstteam Mitarbeiter sich gegenseitig vertreten und ersetzen können sollen. Und es ist auch toll, wenn Mitarbeiter sich dank technischer Hilfsmittel einigermaßen rasch in ein Kundendossier einlesen können. Viel lieber wäre es uns Kunden aber, wenn wir nicht jedes Mal mit einer neuen Person sprechen müssten. Warum ist es häufig so kompliziert und schwierig, eine Person des Kundendienstes ein zweites Mal zu sprechen?

Nr. 4: Immer wieder fehlen dem Kundendienst einige Informationen, um eine Kundenanfrage oder eine Reklamation zu bearbeiten. In einem Telefonat könnten diese schnell und sympathisch erfragt werden, selbst wenn der Kunden-Input schriftlich oder online eingegangen ist. Warum halten sich viele Kundendienstteams stur daran, einen Kunden stets nur auf dem gleichen Weg zu antworten, auf dem er sich gemeldet hat?

Ganz schön vorbildlich!

- Auf den Visitenkarten eines Informatikdienstleisters gehören übliche Funktionsbezeichnungen der Vergangenheit an. Kundenberater heißen Lösungsanbieter, Filialleiter heißen Gastgeber und im Callcenter melden sich die Mitarbeiter so: »Wir helfen Ihnen so schnell und einfach wie möglich: Hier ist Regula Meier, was kann ich für Sie tun?«
- Das Kundendienstteam eines Verkehrsunternehmens ruft Kunden rasch und freundlich zurück, sobald bei Online-Anfragen gewisse Fragen offen oder Informationen unklar bleiben. Verbunden mit einem fröhlichen »Danke für Ihre Anfrage« erhöhen sie so die Bearbeitungsgeschwindigkeit massiv, weil viel weniger Zeit verloren geht. Zudem kommt der Anruf für viele Kunden überraschend und hinterlässt oft einen verblüffend guten Eindruck.
- Der Kundendienst eines hessischen Verkehrsunternehmens stellt Kunden eine Art Fahrplangarantie aus. Wenn ein Kunde reklamiert, dass ein Zug oder ein Bus fünf Minuten oder mehr verspätet eingetroffen ist, erhält der Fahrgast das Geld für diese Fahrt zurück – ohne jede Diskussion. Ein Zwischenergebnis: Das Image des Unternehmens wurde bereits nach zwei Jahren enorm aufpoliert.
- Ein Telekommunikationsunternehmen verhält sich bei Störungen und Beschwerden weltmeisterlich. Nach der Meldung durch den Kunden erhält dieser regelmäßig per SMS den aktuellen Status seines Falles zugeschickt. Nach Behebung des Defizits erkundigt sich ein Mitarbeiter telefonisch über die durchgeführte Arbeit und die Zufriedenheit des Kunden.

Wunschkonzert!

Wann ist es endlich so weit? Endlich kopiert die erste Versicherungsgesellschaft *weltweit* das Track & Trace-Konzept aus der Logistikwelt.

Jeder Kunde erhält für jeden persönlichen Versicherungsfall einen Bearbeitungs-Code. Sendet er diesen per SMS an die Telefonnummer 3463224 (EINFACH), erhält er postwendend Auskunft darüber, wer seinen Fall derzeit bearbeitet und an wen er sich mit Fragen wenden kann. Einfacher und schneller wird die Erreichbarkeit der bestmöglichen Ansprechperson nicht mehr.

Menschen haben sehr unterschiedliche Telefongewohnheiten. Dass sich diese Gewohnheiten oft genauso schnell ändern (neue Freunde im Ausland, frisch Verliebtsein, Vereinsaufgaben et cetera) wie die Angebote und Dienstleistungen der Telefonanbieter, ist bekannt. Schön wäre es, wenn sich Telefonanbieter proaktiv melden würden, um Kunden auf die aus der Telefonrechnung gewonnenen Erkenntnisse anzusprechen. Auch neue Angebote, die einen Vorteil bringen, dürften dabei unterbreitet werden. Dies würde dazu führen, dass Kunden sich persönlich und besonders gut betreut fühlen und maßgeschneiderte Lösungen erhalten.

Dienstag

Und jetzt ganz weit aufmachen ...

Ein Horror-Mittwoch, an dem das Grauen seinen Lauf nehmen wird. Die alljährliche Schulzahnarztkontrolle wartet auf uns alle. Also das mit der Anreise sollten wir noch einmal überdenken beziehungsweise üben. Denn es kamen gut zehn Leute aus meiner 22-köpfigen Klasse verspätet zur Bushaltestelle – zu spät, um den Bus noch zu erwischen.

Mit 20 Minuten Verspätung treffen wir schließlich im Gruselkabinett des Dr. Huber ein. Uns empfängt ein Plastikgebiss, welches einigen das Eintreten nicht gerade erleichtert. Zum Warten, bis wir an der Reihe sind, werden wir in einen Raum gebeten, in dem es keine Stühle gibt, und sonst fehlt es auch an allem. Zum Beispiel kann man nichts trinken, es gibt auch keine Musik, also alles in allem ein kahler Raum. Doch ich habe meinen iPod dabei, also super easy, um mir die Wartezeit etwas zu verkürzen. Doch es kommt, wie es kommen muss: Jetzt ist Schluss mit iPod hören, denn meine Lehrerin nimmt mir den iPod weg. Geht's noch? Wie würde sie sich fühlen, am Boden hockend zu warten? Aber nein, Frau Lehrerin hat einen Stuhl, und wir dürfen am Boden sitzen – Frechheit!

Nach einer Ewigkeit bin ich endlich an der Reihe, meine Beine sind schon steif von der blöden Warterei. Ich werde von einer Assistentin gebeten, mich auf den Zahnarztstuhl zu legen. Kleine Zwischenfrage: Wieso muss ich nun, als auf dem Rücken liegender Käfer, nochmals soooo lange warten, bis der Herr Zahnarzt endlich auftaucht? Hey – wo bleibt da der Respekt?

Der Doktor kommt herein, zieht sich noch seine Gummihandschuhe an und setzt sich auf seinen Stuhl. Schon zieht er die Lampe heran, sodass sie mich blendet, und fragt mich, wie es mir gerade geht. Wie es mir geht, will er wissen?! Na, wie wird es mir wohl gehen, wenn ich geblendet bin und mit Gummihandschuhgeschmack im Mund? Mir geht es gerade ziemlich beschissen. Oder? Wie würden Sie sich fühlen in meiner Situation?

Als ich endlich fertig bin, gibt er mir einen Tapferkeitsaufkleber. Hat man so was schon einmal gesehen?! Einen *Tapferkeitsaufkleber*. Wow – sehr interessant für einen Sechstklässler! Ich muss schon sagen: voll krass der negative Loser. Auf dem Weg zur Schule suche ich den perfekten Platz für den Tapferkeitsaufkleber. Vielleicht schenke ich ihn unserem Hausmeister an der Schule, weil er nicht immer ein ganz so easy Leben mit uns hat ...?

Die vier ????

Nr. 1: Warum entschuldigt sich nie jemand für Verspätungen, die wir als Patienten in Arzt- und Zahnarztpraxen hinnehmen müssen?

Nr. 2: Wieso wird man vom Zahnarzt immer in liegender Position begrüßt? Schön wäre es, ihm auf Augenhöhe die Hand zu schütteln.

Nr. 3: Warum fragen Zahnärzte immer genau dann etwas, wenn sich gerade Schlauch, Bohrer oder Finger im Mund herumtummeln?

Nr. 4: Obwohl wir schon lange im 21. Jahrhundert leben, Computer und elektronische Agenda erfunden sind, bietet kaum ein Zahnarzt an, zum nächsten Termin auch per Outlook einzuladen. Warum?

Hut ab – so geht man beinahe gerne zum Zahnarzt

- Das Team einer Zahnarztpraxis macht von allen Patienten bei der ersten Konsultation ein Foto Dieses taucht später dort auf dem Bildschirm auf, wo sich der Patient befindet. So zum Beispiel am Empfang oder im Behandlungszimmer. So kann der Kunde leicht mit Namen angesprochen werden und der ganze Service wirkt persönlicher.
- Der Patient darf beim Eintreffen im Behandlungszimmer seinen eigenen Musikstil auswählen, der über Internetradio abgespielt wird.
- Im Wartezimmer stehen verschiedene kleine Gesellschafts- und Geschicklichkeitsspiele (Jenga, Labyrinth, Puzzles et cetera) zur Verfügung, die die Wartezeit auf unterhaltsame Art und Weise verkürzen.
- Ein Zahnarztteam stellt folgende Frage: »Welche Geschmacksrichtung hätten Sie gerne als Spülwasser in Ihrem Becher? Minze, Orange oder Himbeere?«
- Ein Zahnarzt bietet einen Erinnerungsservice an. Er ruft Kunden zwei Tage vor dem nächsten Termin an, um ihn darauf aufmerksam zu machen. Gerade Kunden mit lange im Voraus vereinbarten Terminen schätzen das sehr.
- Ein Zahnarzt serviert den Patienten nach der Behandlung ein dampfendes und fein duftendes Tuch, ganz wie man es von asiatischen Restaurants oder Fluggesellschaften kennt. Nicht nur für Kunden, die während der Behandlung Schweißtropfen auf der Stirn hatten, ist das eine verblüffende Erfrischung.

Wunschkonzert!

Für Brillenträger wäre es sehr schön, als ganz einfache und kleine Serviceleistung ein Brillenputztuch zu erhalten, mit dem die freie Sicht wiederhergestellt werden kann.

Dienstagnachmittag, 14:52 Uhr

Da ist was krank

»Auch das noch!«, dachte ich vorgestern, als mich mein Schwager anrief und mir mitteilte, dass er meine Schwester Angela mit einer Blinddarmentzündung ins Krankenhaus gebracht hatte. Ehrensache, dass ich sie trotz Vorferienhektik im Krankenhaus besuche, um sie mit ihrer Lieblingslektüre einzudecken und ihren Aufenthalt etwas angenehmer zu gestalten. In dem Moment, als ich das Foyer des Krankenhauses betrete und der typische Klinikduft in meine Nase steigt, kommen all die Erinnerungen in mir hoch, wie ich selbst vor einem Jahr meine Blinddarm-Odyssee »überlebt« hatte ...

Die Vorfreude auf einen gemütlichen Fernsehabend ohne Fernbedienungswettkampf währte an jenem Donnerstagabend nur kurz. Eine Stunde nach der Chorprobe quälten mich unsägliche Bauchschmerzen, die einen Gang auf die Toilette nach sich zogen. Die Frage der Priorität stellt sich in solch üblen Situationen nicht mehr – wenn Sie mich verstehen? Als sich die gesamte grausame Prozedur ein paar Minuten vor der Geisterstunde nochmals wiederholte, wusste ich mit Bestimmtheit, das wird keine »night to remember« – zumindest nicht im positiven Sinne. So rief ich die praktische Einrichtung des Schweizerischen Zentrums für Telemedizin an. Eine Assistentin nahm meine jammernden Worte entgegen und versprach mir einen Rückruf eines Arztes innerhalb der nächsten 30 Minuten. Ein Versprechen, das eingehalten wurde. Die Ärztin stellte mir noch zwei, drei gute Fragen und empfahl mir dann, mich sofort beim Notfallarzt zu melden.

Die neue Nummer hatte ich im Nu herausgesucht. Die männliche Stimme am anderen Ende versuchte mich zu beruhigen: Es handle sich mit größter Wahrscheinlichkeit um den weit verbreiteten Virusinfekt. Ich solle die Zähne zusammenbeißen und in 48 Stunden sei alles wieder vorbei. Mit einem Mal hatte ich eine Menge Probleme, die bis dahin gelöst schienen: Wie soll Laura nun aus dem Ferienlager zurückkehren? Wie informiere und beruhige ich Joe und Matteo, die erst am Samstag aus dem Junioren-Fußball-Camp zurückkehren werden?

Am anderen Tag kam schon etwas Hoffnung auf, da die Schmerzen in der Bauchgegend tatsächlich nachgelassen hatten. Doch im Laufe des Tages und vor allem in der zweiten Nacht verschlimmerten sie sich wieder. Als ich am Samstag nach längerer Pause wieder die Kloschüssel von Nahem betrachtete und die Schmerzen unerträglich wurden, rief ich meinen Hausarzt an. Dessen Tonband erklärte mir, warum er selbst nicht da war, verriet mir aber gleichzeitig die mir schon bekannte Notfallnummer. Gespannt, ob sich wieder der auf Abfertigung spezialisierte Arzt von vorletzter Nacht melden würde, tippte ich mit zitternden Fingern die Ziffern in mein Telefon.

Ich hatte mit allem gerechnet außer mit einer Patientenabweiserin: »Wir haben heute nur bis 12 Uhr Sprechstunde!«

»Ja, aber ich habe doch die Notfallnu...«

»Ich muss mal schauen, ob wir Sie noch annehmen, Moment bitte...«

Wahrscheinlich sah sie vor ihrem inneren Auge, wie ihr Wochenende minutenweise gekürzt wurde. »Also, Sie können noch kommen, aber bitte pünktlich um 12:15 Uhr. – Und vergessen Sie Ihre Krankenkassenkarte nicht!«

Irgendwie schleppte ich mich zu meinem Auto, das mich direkt vor die Pforten der Arztpraxis führte. Beim Betreten des Empfangs (hatte ich geklingelt?) durchbohrte mich als erstes der Scannerblick der Terminatorin hinter dem Tresen. Gekrümmt vor Schmerzen hielt ich mich dort fest und brummelte meinen Namen. »Haben Sie Ihre Versicherungskarte? – Gut, dann füllen Sie die Meldezettel aus.« Ich kritzelte das Wichtigste in die leeren Felder, denn die Antimitfühl-Managerin bestand darauf.

Nach 15 weiteren, nicht enden wollenden Minuten im Wartesaal tastete der Herr Doktor auf dem unteren Drittel meines Oberkörpers entlang. »Tut das weh? Und das? Und hier? Mmmh, am besten gehen Sie gleich ins Krankenhaus, eine Blinddarmentzündung kann nicht ausgeschlossen werden. Können Sie noch fahren?«

»Nein, das traue ich mir nicht mehr zu ...«

So versuchte ich jemanden ausfindig zu machen, der in der Nähe wohnt und mich ins Krankenhaus chauffieren könnte. Beim dritten Anruf klappte es. Eine gute Bekannte versprach mir in etwa zehn Minuten da zu sein. Auch der Arzt sah seiner unfreiwilligen Kürzung des Samstags mit gemischten Gefühlen entgegen. »Wo wohnt denn Ihre Bekannte? Wann hat sie gesagt, dass sie bei uns eintreffen will?« Ich stammelte nur etwas wie: »Sie wird wohl demnächst da sein«, als mich die Praxisklingel von weiteren quälenden Fragen erlöste.

Wenigstens die Fahrt ins Krankenhaus verlief ohne weitere Zwischenfälle. Da keine Parkplätze direkt vor dem Eingang frei waren, stieg ich schon einmal aus, um mich auf direktem Weg zum Empfang zu begeben. Der war unbemannter als ein einsamer Satellit im weiten Orbit. Doch da hinten hatte sich etwas bewegt. Ich blickte um die Ecke und beobachtete, wie die Empfangsmitarbeiterin vor einen Abfalleimer gekauert, denjenigen mit ihrem »eigenen Inhalt« füllte. Auf wackligen Beinen, mit wässrigen Augen und mit einer Serviette ihren Mund abwischend näherte sie sich der Theke.

Ich fand als Erste die Worte: »Wie ich sehe, geht es Ihnen kaum besser als mir. Ich komme wegen meiner starken Bauchschmerzen.«

Sie wies mir mit der serviettenfreien Hand den Weg zum Lift: »Gehen Sie am besten gleich in die Notaufnahme.«

Ich wollte sie schon fragen, ob sie nicht besser gleich mitkommen wolle, stattdessen konzentrierte ich mich auf den Weg, der mich in die unteren Bereiche des Kranken- und Verletztenhauses führte. In der Notaufnahme ging zuerst alles ganz schnell: aus den Kleidern heraus, in etwas Leichtes hinein und dann ab auf die Liege. Die Pflegefachfrau stellte mir dann die üblichen Fragen zu meinen Schmerzen, zu meiner bisherigen Krankengeschichte, zu meinen Allergien und speziellen Behandlungen und verlangte zuletzt die Blutprobe des Notfallarztes, die er mir natürlich nicht mitgegeben hatte. Macht nichts, ein paar Minuten später war ich nochmals etwas roten Saft ärmer.

Die Schmerzen wurden immer stärker, während ich einsam und verlassen auf der viel zu kurzen Liege hilflos an die weiße Decke blickte. Meine Füße fühlten sich an wie Eisblöcke – da hätte selbst Yeti sich sehnlich ein wärmendes Fußbad gewünscht. Der Assistenzarzt schaute als Nächstes vorbei und formulierte die genau gleichen Fragen wie seine Kollegin vorhin. Dann schloss er mich an ein Puls-Blutdruckgerät, das meinen Herzschlag in digitale Wellen und Töne umwandelte.

Es wurde wieder ruhig in der Notaufnahme. Waren jetzt alle beim Kaffee? Plötzlich ging ein Alarm los! Gleich neben mir: das Gerät, an dem ich angeschlossen war. Ich erkannte eine klare Flatline auf der Anzeige – mein Puls war weg?! Reflexartig griff ich an meinen Hals. Gleichzeitig mit meiner Erleichterung darüber, dass ich da noch etwas spürte, setzte das Gerät wieder mit dem visuellen und akustischen Rhythmus ein.

Ein neues Gesicht betrat den Raum und stellte sich kurz vor. Er werde mit mir die Ultraschalluntersuchung durchführen, müsse mir vorher aber noch ein paar Fragen stellen. In der Mitte seiner Befragung unterbrach ich ihn mit dem Einwand, dass ich genau dieselben Fragen bereits zwei seiner Kollegen beantwortet hätte, und verzog schmerzerfüllt das Gesicht. Als er den Raum verließ, ging erneut der Alarm los. Eine Pflegerin bemerkte es, murmelte etwas von Wackelkontakt und zog den Stecker!

Dann kam er: der Jörg Stiel der Ärzte: Lange, strähnige Haare, einen 5-Tage-Bart und ein schelmisches Lächeln auf den Lippen. Mit anderen Worten – mein Erlöser. Endlich ein Mann, der kam, sah und sagte, was Sache ist. Ein paar Tast- und Druckbewegungen auf meinem Unterleib später bestätigte er meinen Verdacht: »Frau Friedmann, das sieht für mich ganz nach einem entzündeten Blinddarm aus. Ich werde Sie heute Nachmittag noch operieren.«

Die Schmerzmittel fingen gerade an zu wirken, als die Pflegefachfrau mir eröffnete, dass nun alles für eine Ultraschalluntersuchung vorbereitet sei. Leicht geistesabwesend versuchte ich ihr zu erklären, dass dies nun nicht mehr nötig sei, da ich schon bald auf dem OP-Tisch landen würde. Sie wusste nichts davon! Und so langsam begann ich mich zu fragen, ob die Menschen in den weißen Kitteln untereinander so etwas wie ein Kommunikationsverbot hatten?

In meinem 5-Bett-Zimmer durfte ich nun auf meinen Termin warten. Es war mittlerweile 15:30 Uhr und meine Zimmergenossinnen empfingen Besucher am laufenden Band. Hätte es die gleichnamige Sendung vor einem Jahr noch im Fernsehen gegeben, wäre diese bestimmt auch noch gelaufen. Eine Tablette sollte mich beruhigen, damit ich schön schläfrig und zufrieden zur Narkose erscheinen würde. Da meine Operation aber nach weiter hinten verschoben wurde, ließ die Wirkung der Tablette wieder nach. Die Kaffeekränzchen-Stimmung und das Geschnatter im Zimmer waren meine letzten Eindrücke, bevor man mich gegen 20 Uhr endlich in den Operationssaal verlegte.

Zur theatralischen Stimme von Thomas Gottschalk und lautem Applaus aus dem Fernseher erwachte ich später wieder im Zimmer. Eine der rücksichtslosen Patientinnen ließ sich von *Wetten dass ...?* berieseln. Würde ich diese Nacht überleben? Glücklicherweise kümmerte sich der Nachtengel Yvonne während dieser dunklen Stunden fürsorglich um mich.

Der neue Tag weckte mich mit einer Stimme aus dem Radio. Diese teilte mit, dass heute der »Tag der Kranken« sei. Doch statt besonderer Aufmerksamkeit seitens des Pflegepersonals glänzte dieses mit Minimalismus auf allen Ebenen. Draußen auf dem Flur hörte man den Jodlerchor und vor dem Krankenhaus die Dorfmusik aufspielen. Doch in den Zimmern waren die Töne nicht so fröhlich. Hier ein paar Beispiele:

- Niemand erklärte mir, wo auf dem Gang (!) die Toilette ist, wo meine Kleider, mein Handy und meine Handtasche hingekommen sind.
- Niemand informierte mich über Essenszeiten, Besuchsmöglichkeiten und Arztvisite.
- Ich wusste erst einen Tag später, ob mein Blinddarm nun wirklich entfernt worden und ob die Operation gut verlaufen war.
- Bei so vielen Patienten in einem Zimmer drohten wir in der Nacht zu ersticken, weil es niemandem in den Sinn kam, frische Luft hereinzulassen.
- Meine kroatische Bettnachbarin wurde von jedem einzelnen der Krankenhauscrew immer und immer wieder gefragt, ob sie besser Hochdeutsch oder Schwyzerdütsch verstehe. Am Ende antwortete sie nur noch völlig genervt: »Egal!«
- Es flossen keinerlei Informationen, die Kommunikation bewegte sich auf unterstem Niveau. Alles musste man selbst erfragen und dem Pflegepersonal richtiggehend aus der Nase ziehen. Das kostete zusätzliche Energie, die besser in die Genesung investiert werden sollte.

Beim Mittagessen nahm das Ganze schon fast abstruse Formen an. Das Essen wurde mit einem unfreundlichen »En Guete!« auf das Tischchen neben dem Bett geknallt. Ein Pfleger wollte mir gleichzeitig Blutverdünner spritzen. Mit meinem Hundeblick überzeugte ich ihn, dass nach dem Mittagessen dafür noch genug Zeit sei. Erst dann realisierte ich, dass bei meiner kroatischen Freundin das Tablett mit dem Essen auf derjenigen Seite aufgetischt wurde, wo sie ihr gebrochenes Bein hochgelagert hatte. Keuchend und mit schmerzverzerrtem Gesicht versuchte sie, ihr Essen zu erreichen. Vergeblich. Eine ältere Patientin bemerkte dies und wollte ihr helfen. Dazu begab sie sich mit ihrem Infusionskarussell zur Bettkante und versuchte, den Beistelltisch aus den 1960er-Jahren um das Bett herum auf die andere Seite zu zirkeln ...

Ich beobachtete panikartig, wie die kleinen Räder des Tisches blockierten, wie sich die Dame in ihren Infusionsschläuchen verfing und sie zusammen mit dem Essen synchron zu stürzen drohte. Ich biss vor Schreck in meinen zweiten Zwieback, die Kroatin schlug die Arme über dem Kopf zusammen. Im letzten Moment gelang es der älteren Dame, sich und das Essen auszubalancieren und sich mit ihrer linken Hand am Bettende festzuhalten. Ich hatte kalte Schweißtropfen auf der Stirn.

Zum guten Glück fragte mich die unfreundliche Pflegerin beim Abräumen: »So, hat's geschmeckt ...?« Mit einem stummen Blick auf die Zwiebackkrümel realisierte ich – wie vom Blitz getroffen –, auf welche Weise ich diesen Aufenthalt hier einigermaßen flott und mental unbeschadet hinter mich bringen würde: mit sehr viel Selbstironie!

Das kleine PS: Bei meiner Abmeldung am Empfangsschalter überreichte ich der Dame eine handgeschriebene Genesungskarte mit der Bitte, diese doch ihrer kranken Kollegin zukommen zu lassen. Zusammen mit meinen besten Wünschen für eine gute Besserung! Sie lächelte und erwähnte, dass es ihr schon besser ginge. Fünf Tage später erreichte mich Post aus dem Krankenhaus: »Danke für die nette Geste in Kartenform – mir geht es wieder gut! Ich hoffe Ihnen auch. Herzliche Grüße, die kranke Empfangsdame.«

Die vier ????

Nr. 1: Warum erhalten Patienten gerade beim Arzt und im Krankenhaus so wenig Wünsche zur guten Besserung?

Nr. 2: Wieso haben so viele Ärzte Ihre Agenda nicht im Griff? Zumindest erlebt man als Patient zu wenig Willen, um Verspätungen zu minimieren. Wer außer einem Arzt leistet es sich, Kunden so lange einfach warten zu lassen?

Nr. 3: Wieso nehmen so viele Ärzte gar keine neuen Patienten mehr an? Immer wieder kriegt man das als Antwort zu hören – irgendwie passt dies gar nicht zum öffentlichen Jammern der Ärzteverbände.

Nr. 4: Warum ist die Atmosphäre in der Mehrzahl der Wartezimmer immer noch alles andere als angenehm?

So kommt die Wertschätzung für Patienten besser zum Ausdruck

- Eine Art Dokumentations- oder Hausmappe (ähnlich wie jene in einem Hotel), die die wichtigsten Informationen (Besuchszeiten, öffentliches Restaurant, Kontaktangaben et cetera) zum Hospital enthält.
- Fotos, Namen und Funktionen des Pflegepersonals auf einem übersichtlich gestalteten Plakat, das auf dem Flur aufgehängt wird oder in der Dokumentationsmappe liegt.
- Vorlieben und »Rituale« von länger stationierten Patienten auf einem separaten Präferenzenformular notieren. Zum Beispiel zum bevorzugten Getränk, Sprache, Essgewohnheiten et cetera.
- Übergabegespräche beim Schichtwechsel des Pflegepersonals auch einmal in Anwesenheit des Patienten führen. So ist dieser topinformiert und kann sich selbst einbringen, falls er Fragen oder Wünsche hat.

- Eine kleine Ludothek mit einer schönen Auswahl an Brett- und Denkspielen. So können sich Patienten in Mehrbettzimmern mit einem Schachspiel oder einem Gesellschaftsspiel besser die Zeit vertreiben oder sich auch mit den Besuchern vergnügen.

Wunschkonzert!

Für Langzeitpatienten in Privatkliniken oder Einzelzimmern sollte es möglich sein, das eigene Zimmer mit eigenen Dekorationsgegenständen (Bilder, Fotos, Teppichen et cetera) etwas wohnlicher einzurichten. Getreu dem Motto: »Make yourself at home – away from home!«

Ganz praktisch wäre auch ein Minibar-Service, der einmal am Vor- und Nachmittag mit einer schönen Auswahl an Süßigkeiten und neuer Lektüre auf Tour geht.

Dienstagnachmittag, 16:56 Uhr

Spaßbremse

Unser Strategiemeeting endet knapp eine Stunde früher als erwartet. Das ist die Gelegenheit, um auf dem Weg zum Seminarhotel eben noch nach einer Jeans und vielleicht noch nach ein, zwei kurzärmeligen Hemden zu schauen. Gesagt, getan. Das Einkaufszentrum liegt gleich auf dem Weg hinaus aus der Stadt. Hinunter ins Parkhaus und dann hinein ins Vergnügen.

Schon stehe ich in dem Geschäft, in dem ich die Suche nach Jeans oder Hemden häufig beginne.

Bei diesem Einkauf bestätigt sich allerdings ein Gedanke, den ich schon oft hatte: Selbst in relativ neuen Geschäften werden Umkleidekabinen sehr nachlässig, ja mangelhaft geplant und gestaltet. Im ersten Stock gleicht die Umkleidekabine an diesem Tag einer Sauna. Sie ist zwar sauber und auch nicht zu klein. Im Geschäft sind es circa 25 °C, in der Kabine aber locker 35 °C! Denn ein immens großer Strahler, der die Kabine ausleuchtet, heizt mächtig auf. Sehr unangenehm – nach der zweiten Jeans klebt so langsam – na, lassen wir das ... Auf jeden Fall geht mir hier die Geduld früh aus. Wegen des Anprobierens einer Jeans möchte ich nicht noch mehr ins Schwitzen geraten.

Im Erdgeschoss geht der Shopping-Schnelleinsatz weiter. Ich probiere Hemden an. Es sind die Hausmarken. Anscheinend sind alle Menschen, die hier einkaufen, viel kleiner und schmächtiger als im ersten Stock. Denn beim Anziehen der Hemden stoße ich mir ständig beide Ellenbogen. Erst bei offener Tür und unter Einsatz geeigneter Stretching-Übungen gelingt mir eine Anprobe ohne neue blaue Flecken.

Ich bin bedient. Wenn wir so mit unseren Kunden umgingen wie die hier, gäbe es unsere Firma wahrscheinlich schon nicht mehr. Wenn ich eins nicht verstehe, dann das: Ein Kunde, der in eine Umkleidekabine geht, steht ja oft kurz vor dem Kauf! Da sollte man ihm doch erst recht mit gutem Service die Entscheidung erleichtern. Doch davon ist hier keine Spur zu sehen. Schade – denn die beiden Hemden, die ich letztlich trotzdem kaufe, hätte ich gerne mit mehr Spaß gekauft. Hier gehe ich beim nächsten Mal nicht wieder hin ...

Die vier ????

Nr. 1: Warum sind viele Umkleidekabinen zu klein oder zu heiß? Werden sie etwa kurz vor der Ladeneröffnung noch schnell hineingestellt, wo gerade noch Platz ist? Schaut denn bei der Planung dieser Verkaufsflächen niemand einmal richtig durch die Kundenbrille?

Nr. 2: Warum schließen so viele Vorhänge nicht richtig? Da fehlt mir jedes Verständnis, und fragen Sie erst einmal eine Frau! Was macht es wohl für einen Eindruck, wenn ein Geschäft Schneiderarbeiten anbietet, Risse im eigenen Umkleidekabinenvorhang jedoch nicht näht?

Nr. 3: Warum gibt es so selten eine Klingel, mit dem man Service anfordern kann. Wissen Sie, wie oft ich mich schon komplett an- oder umgezogen habe, nur ich weil eine andere Größe nicht in Strümpfen und Unterhosen herbeiholen wollte? Mir als Mann geht das mächtig auf den Keks – die Kauflust fördert das nicht.

Nr. 4: Wieso ist die Anzahl der Kleidungsstücke begrenzt, die man mit in die Kabine nehmen darf? Etwa weil das 1977 schon so war? Gerade weil ich mich nicht ständig an- und ausziehen will, nervt mich diese sinnlose Regelung. Erst recht, weil ich meine Wertsachen beim Holen neuer Artikel ungern zurücklasse und weil ich schon gar nicht wieder anstehen und warten will, um ein zweites Mal in eine Kabine zu gehen.

Fun-tastische Beispiele

- Ein auf Sport spezialisiertes Bekleidungshaus bietet nicht nur genügend große Umkleidekabinen, sondern auch eine Kältekabine! Die Temperatur darin beträgt minus 12 °C – so können Kunden die Kleidung fürs Trekking oder Bergsteigen unter realistischen Bedingungen testen!

- Ein Kleidungsgeschäft für Frauen hat für wartende Männer zwei Flipperautomaten aufgestellt. Diese wecken Erinnerungen an früher, und das Spielen macht den Männern so viel Spaß, dass sie gerne noch einen Moment länger bleiben.

- In einem Sportgeschäft werden den Kunden vorbestellte Artikel auf eine ganz sportliche Art und Weise ausgehändigt. Im Tausch gegen das Benachrichtigungsschreiben oder die E-Mail erhält der Kunde eine Stoppuhr. Danach wird er freundlich aufgefordert, die Zeit zu stoppen: Steht der bestellte Artikel nicht innerhalb von

77 Sekunden mitnahmebereit auf der Theke, darf der Kunde die Stoppuhr behalten oder sich einen Sportartikel aus der Wühlkiste auswählen. Oft gibt es dann auch leicht enttäuschte Gesichter, wenn die hohe Effizienz der Mitarbeiter dazu führt, dass die 77 Sekunden nicht ungenutzt verstreichen. Der pfiffige Nebeneffekt: Die Kunden beschäftigen sich in der Zwischenzeit mit den Gegenständen in der Wühlkiste und kaufen häufig solche oder ähnliche Werbeartikel.

- In einer Drogerie werden dem Kunden (je nach Saison variierend) die Produkte elegant auf einem nostalgischen Likörwagen aus Kirschenholz vorgefahren und präsentiert. So kann er im Sommer eine schöne Auswahl von Sonnenlotionen und im Winter Erkältungsbadezusätze vergleichen.

- Eine hochwertig positionierte Drogerie setzt auf folgende Idee: Frauen-Verwöhntipps in Form eines kleinen, sinnlich gestalteten Booklets. Das Büchlein steckt verschlossen in einem gelben Kuvert mit der Aufschrift: »Für ....: *einer der weiß, wie Mann verführt.*« Sinn der Sache ist, dass die Verkäuferin bei der Übergabe den Mann nach seinem Vornamen fragt und diesen in die Lücke einsetzt. Mit einem Augenzwinkern übergibt sie nun das Kuvert dem Kunden ... Das Booklet kann aber auch an Frauen abgegeben werden. Die Frage lautet dann: »Verraten Sie mir den Vornamen Ihres Liebsten?« Wenn die Verkäuferin nun den Vornamen eingetragen hat, übergibt sie das Kuvert der Kundin mit den Worten: »Legen Sie dieses Kuvert Ihrem Liebsten unbemerkt in den Kleiderschrank und lassen Sie sich überraschen!« Öffnet Mann den Umschlag, dann findet er ein Booklet mit der Aufschrift: *Verführungen* ... Das Booklet beinhaltet fünf konkrete, verblüffende Verführungstipps.

- Ein großer Sportfachmarkt bedankt sich bei seinen Kunden nach dem Großeinkauf jeweils über die Lautsprecher: »Lieber Herr Bucher, danke für Ihren Besuch und viel Spaß in Ihrem Skiurlaub!« Das führt zu spannenden Reaktionen – nicht nur beim angesprochenen Kunden.

Wunschkonzert!

Wenn in den Umkleidekabinen alles, aber auch alles bestens ist, dann wünsche ich mir Folgendes: Ich begleite hier und da meine Frau beim Shopping. Falls es dann wirklich eine Sitzgelegenheit für wartende Männer gibt, dann wäre es herrlich, einfach ein Mineralwasser trinken zu können. Meinetwegen gern aus einem Becher und direkt aus einem 5-Liter-Behälter gezapft. Wie auch immer – das wäre perfekt.

Ob Mann oder Frau, die Zeit ist außerdem reif für eine verbesserte Pflege der Kundendateien! Kleidergröße, Schuhgröße, zuletzt gekaufte Artikel und Lieblingsfarbe: So schwierig ist es doch nicht, wichtige Informationen zu speichern, die das Beraten von Stammkunden deutlich erleichtern würden.

Dienstagabend, 19:53 Uhr

Albtraumstimmung im Hotelbett

Für Menschen, die nicht regelmäßig in Hotels übernachten, ist ein Aufenthalt in einem Gasthaus nach wie vor ein Erlebnis, auf das man sich im Vorfeld freut. Egal ob eine Übernachtung auf einer Geschäftsreise, ein verlängertes Wochenende oder ein Urlaubsaufenthalt von mehreren Tagen. Wie gut oder schlecht der Aufenthalt in Erinnerung bleibt ist mitunter auch von den Gastgebern abhängig. Natürlich zählen die Lage des Hauses, die Ausstattung und die diversen Zusatz-angebote genauso dazu. Doch die wichtigste Frage bleibt am Ende immer die gleiche: Sind die Gastgeber wirklich in Gastgeberlaune?

Ich für meinen Teil freue mich immer wieder von Neuem auf meine Nächte in Hotels, denn dort kann ich in der Regel gut abschalten und mich auf das Wesentliche konzentrieren. Außerdem gehöre ich zu jenen Menschen, die in Hotelbetten erholsam und außerordentlich gut schlafen können.

Am Abend treffe ich im Seminarhotel ein, wo ich morgen eine Team-klausur durchführen werde. Die Dame an der Rezeption beachtet mich erst, als ich sie freundlich grüße. Mein Lächeln bleibt unerwi-dert. Nach dem üblichen Check-in-Prozedere bin ich im Besitz von drei Schlüsseln: einer für mein Schlafgemach und zwei weitere für je einen Seminar- und Gruppenraum. Mit der Sackkarre, die ich mir bei der Rezeptionistin ausleihe, mache ich mich nun auf den Weg, mein Moderationsmaterial vom meinem Parkplatz Richtung Seminarraum zu schieben. Noch vor dem Abendessen will ich die wichtigsten Dinge im Raum herrichten. Zu meinem Erstaunen fehlt nicht nur ein Fahr-stuhl im Parkhaus, sondern auch einer, der in die Seminarräumlichkei-ten führt. Daher schleppe ich Kisten und Material an der Rezeptionis-tin vorbei in die erste Etage.

Bei der zweiten Ladung werde ich unverhofft von einem jungen Men-schen unterstützt: »Wohin kommt dieser Koffer?«, fragt er hilfsbereit.

Als ich mich nach getaner Arbeit bei ihm bedanke, will ich es genauer wissen: »Arbeiten Sie für den Back-Office-Bereich des Hotels?«

»Nein, nein ...«, kommt seine überraschende Antwort, »ich bin Hotel-gast und habe gesehen, dass ich Ihnen vielleicht zur Hand gehen könnte.«

Mein suchender Blick, der in dem Moment Richtung Rezeption schwenkt, bleibt unbeachtet – wahrscheinlich genau so, wie diese kleine Lektion in Sachen Hilfsbereitschaft.

Der Seminarraum ist nicht wie besprochen eingerichtet. Deshalb macht mein Magen schon bald Bekanntschaft mit einem leichten Abendmenü und mein müder Körper mit den Zimmereinrichtungen. Ein kleines Stück Schokolade hat es sich in gewohnter Manier mit einem Fragebogen zusammen auf meinem Kopfkissen gemütlich gemacht. Aus Erfahrung weiß ich, dass sich das kooperative Ankreuzen von Smileys und Cryleys sowie das Festhalten von Verbesserungsvorschlägen kaum lohnen. Bis auf eine einzige Ausnahme hat sich nie ein Hotel bei mir gemeldet. Und jenes, welches bei mir nachfragte, hat am Wahrheitsgehalt meiner geschilderten Erlebnisse gezweifelt!

Mein Blick schweift zum Fernsehapparat im Puppenhausformat, der in Sachen Minimalismus der Zimmerdekoration Konkurrenz macht. Immerhin im Bad finde ich einen Abfalleimer, eine lustige Duschhaube und Duschgel in unpraktischen Sample-Tütchen – so ähnlich wie die kleinen Ketchup-Portionen. Das wird bestimmt ein tolles Duscherlebnis in der verkalkten Duschkabine. Im Bett liegend lausche ich schließlich dem gleichmäßigen Schnauben der Lüftung und versuche so gut es geht die zu kleine Bettdecke meinen Füßen zugänglich zu machen. Aus allen Ecken des Zimmers blinken mir Lämpchen und Displays wie in einer Disco entgegen.

Meine Atmung wird langsamer und leiser, während die Lüftung weiter atmet und die Lämpchen mich rhythmisch in den Schlaf begleiten.

Die vier ????

Nr. 1: Warum bezeichnen sich Hotels als Seminarhotel, in denen Abfalleimer Mangelware sind, in denen Seminarleiter keine Schlüssel für die Seminarräume erhalten, in denen Pinnwände nur noch auf zwei statt vier Rädern rollen und in denen die Stunde, in der das Mittagessen serviert werden soll, regelmäßig 95 Minuten hat?

Nr. 2: Wieso ist die Frage »Hatten Sie etwas aus der Minibar?« an so vielen Rezeptionstresen der unsympathische Gesprächsauftakt beim Check-out?

Nr. 3: Warum werden Gäste ausgerechnet in Hotels mit elektronischen Zimmerkarten immer wieder in Zimmer eingecheckt, in denen sich schon jemand befindet?

Nr. 4: Obwohl die Kleber und Schildchen im Badezimmer klar versprechen, dass zum Wohl der Umwelt nur die auf dem Boden liegenden Hand- und Badetücher ersetzt werden, wird frische Wäsche oft ohne diese Voraussetzung ersetzt. Warum?

Erfrischend innovative Servicequalität

Lunchpaket für den Heimweg

In einem Ferienhotel in der Sonnenstube der Schweiz werden neue Gäste mit einem Mindestaufenthalt auf eine ganz besondere Art und Weise wertgeschätzt. Nach einem dreitägigen herrlichen Aufenthalt in fröhlichem Ambiente folgt ein weiterer Höhepunkt bei der Abreise. Der Direktor höchstpersönlich fährt das Auto vor und verabschiedet sich von den Gästen. Gleichzeitig macht er sie auf das Lunchpaket auf dem Beifahrersitz aufmerksam, welches die lange Heimreise angenehmer gestalten soll. Zu ihrer Überraschung entdecken sie darin genau die Getränke, welche sie während ihres Restaurantbesuchs bestellt hatten, und haargenau die Früchte, welche sie sich aus der Früchteschale aus dem Hotelzimmer genehmigt hatten. Abgerundet wird das gesunde Lunchpaket mit einem Nuss/Getreide-Riegel.

Schlafschaf

Dreimal dürfen Sie raten, was Sie in der Schublade Ihres Nachtischchens vorfinden ... Gratuliere, gleich beim ersten Versuch sind Sie auf die Bibel gekommen. Und was befindet sich auf dem Kopfkissen?

Jawohl, ein Stück Schokolade, das Sie nach dem Zähneputzen kaum noch genießen werden. In einem Hotel am Vierwaldstättersee liegt eine »spannende« Einschlafgeschichte bereit, die so langweilig schön ist, dass Sie garantiert dabei einschlafen. Sie handelt von einem süßen Schaf, das nicht einschlafen kann ... Und falls man dann immer noch nicht dösen kann, gibt es am Ende des Faltblattes ein paar hilfreiche Tipps und Anregungen des Hotels, wie Sie einfacher zum Augendeckelschließen gelangen. Unter anderem wird einem der Besuch an der Hausbar empfohlen, wo ein spezieller Schlaf-Cocktail gemixt wird.

Herzliche Botschaften

Viele Hotels versuchen, den Gästen mehr individuellen Touch mit aufrichtiger Herzlichkeit entgegenzubringen. Den wenigsten gelingt es. Eine persönliche Einschaltmeldung am Fernsehgerät oder eine vorgedruckte Willkommenskarte mit eingescannter Unterschrift bewegen sich höchstens im Sumpf der Mittelmäßigkeit.

Bei einem Besuch in einem Wellnesshotel in Kärnten erlebt man wahre Wertschätzung und Nähe vom Feinsten. Es beginnt mit einem handgeschriebenen Kärtchen von der Hoteldirektorin. Der Badezimmerspiegel begrüßt den Gast mit einer gefühlvollen Botschaft: »Lieber Herr ..., wenn Sie in den Spiegel blicken, sehen Sie einen ganz besonderen Menschen für uns! – Herzlich willkommen!« Und auf dem Weg zum wohligen Bett bemerkt man, dass die Zimmerdame die Bettdecke in Herzform hergerichtet hat.

Und wenn mal etwas schiefläuft ...?

Auch in Reklamationssituationen reagieren Hotels völlig unterschiedlich. Folgende Geschichte hat sich ebenfalls in Österreich zugetragen: Noch rasch die Zähne putzen und danach mit einem guten Buch im Bett verkriechen. – Doch wo sind mein Anzug und das Hemd, welche ich bei meiner Ankunft zum Aufbügeln in die Reinigung gegeben habe? Ein Nachfragen an der Rezeption stiftet noch mehr Verwirrung:

Von meinem Bügelauftrag weiß niemand etwas – meine Kleider sind nicht mehr auffindbar! Zum Glück nimmt sich »Frau Extraeinsatz« dieser kniffligen Situation an und kümmert sich gleich um den ominösen Fall »Lost Suit«. Kurz vor 23 Uhr klopft es an meiner Tür und ein fröhlich gestimmter Herr überreicht mir die frisch gebügelten Kleider. In der Westentasche steckt eine zusammengerollte Nachricht mit einer farbigen Schlaufe: »Guten Abend, Herr Friedmann, ich bin Ihr Anzug und wurde soeben frisch aufgebügelt. Sorry für die Verspätung, doch ich habe mich in der Wäscherei so wohlgefühlt, dass ich mich versteckte ...« Unterschrieben von »Ihr Anzug« und »Die gute Fee«. Am nächsten Tag erfahre ich, dass die Rezeptionistin nicht nur die Verfasserin der kreativen Botschaft war, sondern dass sie höchstpersönlich nach Dienstschluss den Kleidern wieder Form und Falten verliehen hatte.

Muttertag durch die Brille von Mama

Ein Hotel in Zürich hat sich eine besonders schöne Idee für den Muttertag ausgedacht. Einmal im Jahr – also genau an diesem Tag – darf jede Mami einen Korb ungebügelter Wäsche zum Brunch mitbringen. Nach einem gediegenen Mahl wird der Mutter beim Verlassen des Restaurants die Wäsche frisch gebügelt überreicht.

Do it yourself

Ein Hotel in Deutschland bietet seinen Gästen für jegliche Art von Veranstaltungen eine »Do it yourself«-Variante an. Der Kunde kann selbst wählen, welche Bestandteile eines Anlasses von der teilnehmenden Gesellschaft selbst ausgeführt werden sollen. Angefangen bei der Dekoration der Räumlichkeiten und Tische, über das Zubereiten von Cocktails und Snacks (die danach für diesen Abend den Namen des Gastes tragen), bis hin zum Service und zur Bedienung. Alles natürlich unter fachkundiger Anleitung und Unterstützung. Also egal, ob man eine Hochzeit, ein Firmenjubiläum, einen Vereinsanlass oder einen

Geburtstag plant, durch das eigene Handanlegen der Gäste entstehen eine besondere Atmosphäre und ein sympathischer Austausch über den gewöhnlichen Veranstaltungsrahmen hinaus. Der Blick hinter die Kulissen ist ein weiterer spannender Nebeneffekt.

Gruppen-Check-in

Keine angenehme Angelegenheit für Rezeptionisten, wenn Sie bei Reisegruppen und Tagungen mehrere gleichzeitig eintreffende Personen einchecken sollen. Und schon gar nicht lustig für die »Einzucheckenden« selbst. Ein schlaues Hotel in Deutschland hat sich dazu vertieft Gedanken gemacht und eine kreative Variante ins Leben gerufen, die allen Spaß bereitet und für gute Stimmung sorgt. Den eintreffenden Gästen wird eine amüsante Schätzfrage gestellt, die alleine schon für Lacher sorgt. Derjenige, der der richtigen Antwort am nächsten ist, bekommt ein Gratis-Upgrade und darf in einer Suite übernachten. Falls diese gerade nicht zur Verfügung steht, wird ein Cocktail nach Wahl offeriert.

Wunschkonzert!

Wir wünschen uns Zimmertüren, die nicht so laut ins Schloss fallen oder mit weniger Schwung geschlossen werden müssen, sodass die Zimmernachbarn nicht mehr aufwachen.

Wir wünschen uns, dass die Hauptkompetenz einer Übernachtungsstätte, ein gutes Bett für guten Schlaf, nicht wegen schlechter Qualität Federn lässt. Alte, zu weiche Matratzen, unbequeme Kopfkissen und Bettwäsche, die keinen erholsamen Schlaf zulassen, sollten der Vergangenheit angehören.

Mittwoch
Mittwochvormittag, 07:27 Uhr

Krass uncool

Der Termin meines Schnuppertages in einem Sportfachgeschäft fällt auf diesen Mittwoch. Für die Anreise in die Nachbarstadt werde ich von meiner Mutter an den Bahnhof gebracht. Noch denke ich, alles easy, das mache ich mit links. Doch zu früh gefreut, ein Blick ins Portemonnaie reicht, um festzustellen, dass ich nicht das passende Kleingeld dabei habe, um am menschenleeren Ticketautomaten das Ticket zu kaufen. Also schnell an den Schalter ... schnell? – Aber nein! Ich muss mich hinter zehn anderen Leuten anstellen, obwohl es noch vier weitere Schalter gibt – was für eine Katastrophe! Es ginge doch soooooo einfach, mindestens noch zwei Schalter mehr zu besetzen, oder?! Langsam werde ich nervös, denn es stehen noch zwei Nasen vor mir und der Zug fährt in 4 Minuten ab. Wenn ich den verpasse, wäre das sicher kein guter erster Eindruck von mir im Geschäft. Sicher, meine Schuld wäre es nicht, aber es ist einfach mein Traumjob! Endlich bin ich an der Reihe und sehe, dass schon in 2 Minuten mein Zug abfährt. Ich muss rennen, um den Zug noch zu erwischen.

Ufff! Kurz nachdem ich völlig außer Atem eingestiegen bin, fährt der Zug ab – Glück gehabt. Ich suche zwischen Pendlern, Laptopbenutzern und Gratiszeitungslesern einen freien Sitzplatz. Ich finde nach zwei Waggons endlich einen freien Platz – super eng, aber eben immerhin ein Sitzplatz. Wieso ist mir bei der Standardbefragung »Fahren Sie erste oder zweite Klasse?« nicht ein »erste Klasse« herausgerutscht, dann hätte ich jetzt genügend Platz für mich. – Mein Papi hätte mir sicherlich verziehen und nichts vom Taschengeld abgezogen. Fünf Minuten verlaufen ganz ruhig, aber dann, ja dann kommt der Herr Kontrolleur herein mit seinem modischen Klipsding an der Hose baumeln.

Alle Pendler strecken ihm unmotiviert ihre Tickets und Abonnements entgegen, die er wortlos abknipst und weitergeht. Erst als er bei mir steht, schaut er mich misstrauisch an und fragt, ob ich einen Ausweis dabei habe. Ich verneine. Wieso auch, wenn ich nur in die nächste Stadt fahre und nicht ins Ausland – hallo?! Dämliche Ansage – er müsse nämlich prüfen, ob ich das Anrecht auf eine Vergünstigung habe. Als er mich weiter unangenehme Sachen fragt, werde ich zunehmend nervöser. Ich hole tief Luft und erkläre ihm dieses Problem. »Ich habe vorgestern meinen 15. Geburtstag gefeiert und in der Schweiz zahlt man, soviel ich weiß, erst ab 16 Jahren den vollen Preis, und wenn Sie mir nicht glauben, rufen Sie doch meinen Lehrer an.« Das haut ihn erst einmal richtig um. Aber nachher gibt er seinen Kommentar ab, dass ich nächstes Mal einen Ausweis dabei haben sollte. Meine Sitznachbarin blinzelte mir zu und wünschte mir nachträglich alles Gute zum Geburtstag.

Die vier ????

Nr. 1: Warum werden die Durchsagen in den Zügen vom Zugpersonal immer so undeutlich und viel zu schnell abgespult? Nicht nur fremdsprachige Menschen haben Mühe, diese Nachrichten und deren wichtige Bedeutung zu verstehen.

Nr. 2: Wieso gehen so viele Schaffner oder Zugbegleiter auf Jugendliche grimmig, oberlehrerhaft und vollkommen unfröhlich zu? Haben die keine Kinder?

Nr. 3: Fahrkartenautomaten wünschen häufig eine gute Reise, was Mitarbeiter am Bahnschalter nur dann und wann fertigbringen: Warum eigentlich?

Nr. 4: Ältere Menschen mühen sich beim Ein- und Aussteigen mit ihrem Gepäck sehr oft ab. Wieso schauen Zugbegleiter dabei unbeteiligt zu oder sogar weg?

Tolle Erlebnisse gibt es natürlich auch ...

- Beim Öffnen des Fahrscheinheftes entdeckt man persönlich verfasste Restauranttipps für den Zielort, welche der Verkäufer handschriftlich auf der Umschlagseite notiert hat.
- Einer Frau, die ihren Zug knapp verpasst hat und am Schalter die nächsten Fahrmöglichkeiten einholen wollte, wird die freie Benutzung des Telefons angeboten, um Personen zu benachrichtigen. Dazu wird ihr spaßeshalber eine Statistik ausgehändigt, die aufzeigt, wie viel Zeit der Mensch im Leben für welche Tätigkeiten aufwendet. Das Warten auf den nächsten Zug oder Bus figuriert dabei nicht einmal unter den Top Ten.
- Ein Mensch- und Tierliebhaber in der Person eines Schaffners verabschiedet sich nach der Fahrkartenkontrolle vom treuen Begleiter des Fahrgastes per »Pfotenschlag« und Namensnennung. Zuvor hat er vom Kunden natürlich den Namen des Hundes erfragt.

Wunschkonzert!

In Fern- wie auch in Lokalzügen wäre es kein Luxus, wenn den Reisenden ein interaktives Informationsdisplay zur Verfügung stehen würde. Somit könnten sich Passagiere über die nächsten Anschlüsse oder Fahrgelegenheiten informieren und Reiseinfos oder regional Wissenswertes abrufen. Auch ein Newsticker mit den wichtigsten Neuigkeiten aus aller Welt wäre ein schönes Extra.

Mittwochvormittag, 10:09 Uhr

Hallo, Frau Friedmann ...

Endlich etwas Zeit für mich. Zeit und Ruhe für eine Tasse Kaffee und die *Tierwelt* als unterhaltsame Begleitlektüre zum Koffeingenuss. In der Rubrik »Inserate« halte ich Ausschau nach schönen Reitaccessoires, die ich Laura zum Geburtstag schenken könnte, als mich jäh das Klingeln des Telefons aufschreckt.

»Hallo, Frau Fried... *chrrr* ...öglich, wenn wir nächs...« *ksssr* »allo!? Hallo, Frau Friedmann?« *düt, düt, düt, düt.* Die Verbindung wurde unterbrochen. Wer das wohl war? Am ehesten der Handwerker, der sich am Nachmittag die defekte Waschmaschine anschauen wollte. Oder eventuell doch das Reisebüro, um noch eine wichtige Mitteilung zur bevorstehenden Reise durchzugeben? Das Telefon klingelt erneut. Ich erkenne die Stimme von vorhin. Die Verbindung scheint nun besser zu sein. Der Handwerker erkundigt sich, ob er nicht zu Beginn der nächsten Woche die Reparatur vornehmen könnte, da unerwartet ein Montagenotfall für eine neue Liegenschaft eingetroffen sei. Ich erkläre ihm, dass dies für uns nicht in Frage kommt, und wir einigen uns darauf, dass er morgen eine Ersatzwaschmaschine vorbeibringt und sich die andere Maschine während den Ferien vorknöpft. Wann genau er auftauchen wird, kann er noch nicht sagen, irgendwann zwischen 14 und 16 Uhr. – Kein Problem, denke ich ironisch, wir Kunden haben ja genug Zeit, um unseren Tagesablauf den Handwerkern anzupassen. Dabei hatte ich ganz vergessen, dass ich mit meinem Mann Joe einen Termin bei unserem Bankberater vereinbart hatte ...

Die vier ????

Nr. 1: Weshalb entschuldigt sich ein Anrufer beim Einstieg ins Gespräch nicht, wenn es mit dem Kontakt vorher nicht geklappt hat?

Nr. 2: Wieso hat man bei Handwerkern und Lieferanten immer das Gefühl, dass sie annehmen, wir Kunden würden liebend gern den ganzen Tag auf ihr unbestimmtes Eintreffen warten? Zumindest ein kurzer Ankündigungsanruf, um das baldige Auftauchen mitzuteilen, wäre doch ein sympathischer Akt.

Nr. 3: Unglaublich oft empfängt uns Kunden beim Weiterverbinden am anderen Ende ein unfreundliches »Hallo?« mit der Begründung: »Ich dachte der Anruf sei intern ...« Warum weiß der neue Ansprechpartner so oft nichts zum Kundenanliegen?

Nr. 4: Warum wird bei Rückrufen so selten ein Zeitfenster erfragt, das für den Kunden passt oder in dem der Kunde gut erreichbar ist?

Tipps für kundenorientierte Rückrufe

- Eine Empfangsdame am Kundendienst reagiert immer dann mit einem proaktiven Telefonservice, wenn man einen Ansprechpartner verlangt, der gerade nicht erreichbar ist. Sie bietet dann an, dass Sie sich beim Kunden wieder melden, sobald die gewünschte Ansprechperson bereit für das Gespräch ist: »Ich rufe Sie gerne an, wenn Herr Mazotti sich zu Ihrem Thema vorbereitet hat und bereit ist, um sich mit Ihnen auszutauschen.«
- Manchmal reicht ganz einfach nur eine kundenorientierte Formulierung:
  »Christoph Weber wird Sie noch heute zurückrufen. Verraten Sie mir doch kurz die Nummer, unter der Sie am besten erreichbar sind, und ein paar Stichwörter zum Thema des Rückrufs.«
  »Christoph Weber wird Sie noch heute zurückrufen. Um ihm das Rückruf-Rezept zu übergeben, verraten Sie mir doch noch kurz die

Zutaten wie Telefonnummer, beste Erreichbarkeit und ein würziges Stichwort.«

Wunschkonzert!

Genial wäre es, wenn Kunden, die in der Warteschleife hängen, ihr Wunschprogramm wählen dürften. Das würde sich dann in etwa so anhören: »Ihre voraussichtliche Wartezeit beträgt circa 6 Minuten. Wie dürfen wir diese Minuten für Sie gestalten? Drücken Sie die Eins, um eine Nachricht zu hinterlassen, damit wir Sie zurückrufen können. Drücken Sie die Zwei, um die aktuellsten Meldungen des Tages zu erfahren. Drücken Sie Drei, um die aktuellen Radiohits zu hören. Drücken Sie die Vier, um von einem Comedian zum Lachen gebracht zu werden.«

Mittwochnachmittag, 17:16 Uhr

www.reisebuero.com/zukunft

»Warum machst du dir heute denn noch die Mühe, deine Ausflüge, Reisen und Urlaubswochen in einem Reisebüro zu buchen? Nebst der Aussicht, dass man dort sowieso nicht das Günstigste offeriert bekommt, zahlt man sich noch dumm und dämlich für irgendwelche Buchungsgebühren!« Meine Nachbarin Karin ließ neulich kein gutes Haar an Reisebüros & Co. und ihren Mitarbeitern und meinte besserwisserisch: »Das geht doch heute alles viel unpersönlicher und effizienter im Internet. Ein paar Klicks hier, einige dort, noch schnell jenes Angebot mit dem anderen vergleichen, Infos zum Zielort zusammensuchen und Wissenswertes in Kürze abrufen.«

»Ja, ja, das kenne ich«, entgegnete ich ihr. »Und plötzlich hat man locker einen halben Tag vor dem Computer verplempert, ohne recht zu wissen, was man denn nun buchen soll ... Also wäre ein Besuch im nahe gelegenen Reisebüro doch effektiver gewesen – oder?«

Im nächsten Augenblick empfahl ich ihr mein Reisebüro, weil dort seit Jahren immer alles wunderbar klappt und man dort die Reisegewohn-heiten der Familie Friedmann mittlerweile sehr gut kennt.

Auch der persönliche Kontakt ist mir sehr wichtig – gerade wenn es um die schönsten Tage im Jahr geht. Aus diesem Grund hole ich vor dem Abendessenkochen die Reiseunterlagen für unsere Ferien persönlich im Reisebüro ab. Beim Betreten des Reisebüros strahlt mir die Feri-ensonne in der Person von Petra Wegmann schon entgegen. »Hallo, Frau Friedmann, nur noch dreimal schlafen, dann starten Sie in Ihren Traumurlaub!« Während sie mir kompetent und begeisternd die Rei-seunterlagen erklärt, schlürfe ich am selbstgemachten Früchte-Cock-tail, den sie mir zur Einstimmung auf den Urlaub serviert hat. – Ob es diese Erfrischung bei Buchungen im Internet in der virtuellen Form auch gibt?

Die vier ????

Nr. 1: Warum wird beim Buchen von Reisen immer davon ausgegan-gen, dass man mindestens zu zweit unterwegs sein müsste? Gerade in der heutigen Zeit, wo es viele Singles und Alleinerholer gibt.

Nr. 2: Wieso sind die schriftlichen Reisebestätigungen nach wie vor mehr prozess- als kundenorientiert? Die Anhäufung und Auflistung der Reisebestandteile sind für Laien unübersichtlich, kaum zu entziffern (Abkürzungen en masse) und verbreiten keinerlei Vorfreude auf die bevorstehenden Ferientage.

Nr. 3: Unglaublich, wie oft in den Reisebüros heute noch »Optionitis« herrscht. Dauernd werden Optionen angeboten – und am Ende nichts verkauft. Warum fragen viele Mitarbeiter die Kunden nicht nach den Entscheidungskriterien, um die Reiseberatung zielgerichtet abzuschließen?

Nr. 4: Obwohl die Reiseberater uns Kunden die schönste »Jahreszeit« verkaufen dürfen, kommt im Reisebüro selbst oft keine Urlaubsstimmung auf. Warum erinnern in neuen Reisebürofilialen die Einrichtung des Büros, das Outfit der Mitarbeiter und vor allem das Verhalten eher an eine Rechtsanwaltskanzlei?

Erfrischende Ideen aus der Praxis

- Mitarbeiter einer österreichischen Reisebürokette versenden während ihres eigenen Urlaubs gezielt Postkarten an ihre Stammkunden. Auf diese Weise sprechen sie ihre Kunden auf eine mögliche nächste Urlaubsdestination an. Und diese erhalten gleichzeitig den besten Beweis für die hohe Kompetenz des Reiseberaters, da er ja vor Ort gleich den zukünftigen Urlaub bereits »ausprobiert« hat.

- In einem Wiener Reisebüro wird man in der Hochsaison von einem als Concierge gekleideten Mitarbeiter empfangen. Nach der gut gelaunten Begrüßung erkundigt er sich nach den Reisewünschen des Kunden. Falls die fachkundigen Reiseberater in dem Moment nicht frei sind, versorgt der Concierge den Kunden mit Katalogen des Zielorts, einem Getränk und weist ihm eine bequeme Sitzgelegenheit zu. In allen anderen Fällen führt er den Kunden direkt zu demjenigen Reiseberater, der sich am besten mit dem Reiseziel auskennt. Wenn der Kunde nicht warten möchte, wird mit ihm ein nächster Besuchs- oder zumindest ein Telefontermin vereinbart. So wird auch sichergestellt, dass keine Laufkundschaft verloren geht.

Potpourri von kleinen Verblüffungen

- Ein Reisebüro hat selbst sehr hochwertige und attraktive Gepäck-adressetiketten kreiert. Langlebig und ein Hingucker. Vor dem Aushändigen der Unterlagen werden sie vom persönlichen Reiseberater handschriftlich mit der Wohn- und Ferienadresse des Kunden ergänzt. Für Kinder gibt es eigene Kreationen.
- Kunden eines anderen Reisebüros erhalten bei längeren Rundreisen immer ein Zeichen ihres Reiseberaters. Zum Beispiel bei der Ankunft in einem neuen Ort (mit gebuchter Hotelübernachtung) mit einem Willkommensfax: »Herzlich willkommen in Albany! Übrigens, hier lohnt sich ein Ausflug zum alten Fischerhafen in der St.-Mary-Bucht!« Vor dem Rückflug in die Heimat gibt es eine SMS mit den besten Wünschen für die Heimreise und mit der Wettervorhersage für die Ankunft.
- Ein Schweizer Reisebüro legt mir jedes Mal noch eine kleine Überraschung in die Dokumentenmappe, die so auf sympathische Weise unterwegs an die Heimat erinnert (eine Portion Ovomaltine) oder einen Zusatznutzen für unterwegs darstellt (Erfrischungstüchlein, Erste-Hilfe-Set für die Reise).
- Damit es den Kunden noch besser gelingt, realitätsnahe und greifbare Eindrücke vom Ferienort zu erhalten, setzt ein Reisebüro die Stärken eines iPad ein. Darauf präsentiert es dem Kunden Bilder und Kurzfilme zu den ausgewählten Orten und Anlagen.

Wunschkonzert!

Die Öffnungszeiten der Reisebüros machen es beruflich engagierten Menschen eher schwer, sich umfassend in einer gemütlichen Atmosphäre beraten zu lassen. Wäre es nicht einen Versuch wert, die Zeiten weiter in den Abend hin zu verlängern, damit gar nicht erst die Internetversuchung ins Spiel kommt?

Mittwochnachmittag, 17:58 Uhr

Eine Speiche locker

Mit einem Lächeln auf dem Gesicht und hoch zufrieden mit den erreichten Ergebnissen verabschiede ich mein Team im Seminarraum. Die gemeinsame Klausur darf ich vorerst als Erfolg verbuchen. Jetzt bleibt gerade noch genug Zeit, um beim Fahrradhändler vorbeizuschauen und mein neues Bike abzuholen. Dies hatte ich mir selbst zum Geburtstag geschenkt. Gleichzeitig ein Geschenk an meine Gesundheit. Um meinem sinkenden Fitnesslevel entgegenzuwirken, will ich nach den Ferien regelmäßig ein- bis zweimal die Woche die umliegenden Hügel erklimmen und trainieren.

Kurz vor sechs treffe ich bei Zweirad-Werner ein. Die Tür steht offen, doch weit und breit ist niemand zu sehen. Auch ein Blick in die Werkstatt offenbart nur gähnende Leere. Die nahen Kirchenglocken schlagen sechsmal. Ich bin pünktlich zur Übergabe meines neuen Sportgeräts erschienen.Werner lässt sich Zeit. So viel Zeit, dass der nächste Klang der Glocke ertönt, als er endlich auftaucht. Er brummelt etwas von »noch auf der Post gewesen«. Aber kein Wort der Entschuldigung für die Verspätung.

»Sie holen heute bereits ihr Fahrrad ab ...? Ähh ... das ist noch nicht bereit ... Es gab Lieferschwierigkeiten vom Importeur. Das kommt in letzter Zeit häufig vor und da kann ich auch nichts dafür«, erklärt er mir, gleichgültig mit den Achseln zuckend. Dafür hätte ich eventuell ja noch Verständnis. Ganz bestimmt aber nicht, dass man mich in keiner Art und Weise über diese Verzögerung unterrichtet hat. Er muss meinen fragenden Blick richtig interpretiert haben: »Ich kann Ihnen nichts versprechen, aber wenn Sie Glück haben, steht Ihr Bike in drei bis vier Wochen zur Verfügung. Ich melde mich, sobald ich mehr weiß ...«

Als ich zu Hause den Wagen in die Garage fahre, erstrahlt mein alter Drahtesel im Scheinwerferlicht. Habe ich nur den täuschenden Eindruck, oder will sich mein bald ausgedientes Fahrrad schon fast schadenfroh nochmals in Pose bringen?

Die vier ????

Nr. 1: Warum bekommt man eine Reparaturabrechnung jeweils auf einem zerknitterten Stück Papier mit schwarzen Fingerabdrücken überreicht?

Nr. 2: Wieso fragt nach dem Kauf eines neuen Fahrrades nie jemand nach, wie gut man mit den zwei Rädern unterwegs ist?

Nr. 3: Wo bleibt bei manchem Fahrradverkäufer die Begeisterung? Für ihn ist es zwar Alltag, Fahrräder zu verkaufen, der Kauf für seine Kunden aber nicht.

Nr. 4: Warum horten Fahrradshops so viel Zubehör und Accessoires, wenn sie diese ihren Kunden selten bis gar nicht aktiv anbieten?

So gut kann Service sein ...

- In einem Fahrrad-Shop in der Region Zürichsee hat man die Möglichkeit, die Wartezeit mit einem Elektrobike-Ausflug zu verkürzen. Diese stehen schon betriebsbereit in einem speziellen Fahrradständer mit der Aufschrift: »Für jeden Kilometer, den Sie mit mir während der Probefahrt zurücklegen, überweisen wir einen Franken an eine gemeinnützige Institution.«
- Ein anderer Shopinhaber überreicht das neue Fahrrad den Kunden mit eingraviertem Kundennamen (wahlweise nur Vornamen oder vollständiger Namen) im Rahmen des Fahrrads.

- Um die Wartezeit des neu bestellten Fahrrads zu versüßen und die Vorfreude zu wecken, sendet ein Händler seinen Kunden in der Hälfte der Wartezeit ein Mousepad mit dem Foto des gekauften Fahrrads zu.
- Als Kunde eines innovativen Händlers im Raum Zürich erhält der Kunde regelmäßig eine SMS-Nachricht – an das Fahrrad gerichtet. In der Nachricht wird auf bestimmte Aktionen, Bike-Ausflüge oder bevorstehenden Service aufmerksam gemacht. Beispiel: »Liebes Speedfox, wow – bereits bist du mehr als 300 Tage mit deinem zufriedenen Besitzer zuverlässig unterwegs. Höchste Zeit, dass du dich für den bevorstehenden Frühling wieder fit machst. Schau doch einfach wieder bei uns vorbei: Wir haben interessante Wellnessprogramme für dich! Dein BixRiders-Team«

Wunschkonzert!

Da sich Bike-Shops nicht immer in unmittelbarer Nähe des Wohnorts befinden, stellt sich beim alljährlichen Service oft die Frage: »Und wie komme ich wieder nach Hause respektive am Abend zum Händler?« Wäre es nicht schön, wenn – wie im Autohandel – Ersatzfahrzeuge zur Verfügung stehen würden? Oder noch besser, einen Hol- und Bringservice für das Fahrrad anzubieten?

Donnerstag
Donnerstagvormittag, 09:22 Uhr

Verstaubte Geschichte

Heute findet unsere Klassenreise statt. Dieses Mal geht es ins Museum für Kunst und Kultur, gähn! Schon auf der Hinreise werden wir alle fünf Minuten durchgezählt wie Erstklässler, die ihre erste Klassenreise unternehmen. Wir dürfen uns noch nicht mal ganz nach hinten setzen, damit uns die Lehrerin nicht aus den Augen verliert! Geht's noch peinlicher? O ja, es geht noch peinlicher! Meine Freundinnen und ich müssen uns jeweils neben einen Jungen setzen und ganz ruhig verhalten. Die Lehrerin droht uns sogar: »Wenn ihr euch nicht gut benehmt, nehmt ihr die nächste Fahrgelegenheit nach Hause!« Ich hätte gerne gesagt: »Dieses Angebot nehme ich gerne an. Bei der nächsten Haltestelle steige ich aus.« Doch ich mag sie nicht weiter verärgern und bin ganz ruhig.

Als wir endlich, alle knapp am Wahnsinn, am Ziel ankommen, geht es in einem zehnminütigen Fußmarsch zum Museum, wo wir mit einem künstlichen »Herzlich willkommen« begrüßt werden, welches nicht gerade herzlich klingt. Unsere Leiterin ist spießig angezogen mit grauem Rock und grauer Bluse – wie eine Maus. Sie wirkt sehr gestresst, als einige wieder mal das stille Örtchen aufsuchen. Wir warten, bis alle wieder beisammen sind, doch aufgeschoben ist nicht aufgehoben. Sie bittet uns alle, ihr in den ersten Raum zu folgen, in dem die Bilder hängen. Als ich dann als Letzte vor dem ersten Bild stehe, fängt Frau Maus an, »Wissenswertes« darüber zu erzählen. Die Informationen sind alle gleich langweilig: Name des Künstlers, wann und wo hat er/sie gelebt, wann wurde das Bild gemalt, was stellt das Gekritzel dar, blabla ohne Ende! Und wenn wir noch mehr Zeit gehabt hätten, hätte sie uns noch erklärt, dass das Gemälde mit genau so und so vielen Pinselstrichen gemalt wurde und noch mehr.

Nachdem wir alle, aber auch wirklich *alle* Bilder gesehen haben, erwartet uns das nächste Grauen: ein verdunkelter Raum mit vielen billigen Plastikstühlen, auf welche wir uns setzen müssen. Frau Maus sagt uns doch tatsächlich, dass es in einem Museum nicht erlaubt ist, sich auf den Boden zu setzen. Hält die uns für blöd? Dann beginnt eine Diashow zu laufen – ich dachte, Diashows seien ähnlich ausgestorben wie die Maler der Bilder, die wir zu sehen bekamen. Man merkt, dass der Apparat nicht der neueste ist. Denn er fängt nach schon drei Bildern an, laut und unangenehm zu summen. Dazu gibt es noch Musik, die mich in Gedanken hundert Jahre in die Vergangenheit versetzt. Endlich – nach 15 Minuten ist die Tortur zu Ende und wir gehen in den nächsten Raum. Statuen stehen in diesem Raum, ich befürchte das Schlimmste. An all den Dingern hängen Schildchen, dass man die merkwürdigen Figuren nicht berühren darf. Ich bin schon fast traumatisiert von diesen wirklich komischen Statuen, wieso sollte ich die wohl auch noch betatschen wollen? Ich frage mich die ganze Zeit, wie langweilig war es diesen Leuten, dass sie anfingen, die absurdesten Statuen zu errichten?

Wir gehen zurück in den Empfangsraum, wo unsere Leiterin noch eine Überraschung für uns hat. Ich erhoffe mir zumindest ein Eis dafür, dass wir diese eineinhalb Stunden durchgehalten haben. Ein Wunder: Es ist wirklich niemand ohnmächtig geworden! Das nenne ich 'ne Leistung – bin voll stolz auf meine Klasse! Aber wir bekommen einen Traubenzucker. Den hätten wir *vor* dem ganzen langweiligen Rumgelaufe gebraucht! Und dann, ich glaub' es fast nicht, sollen wir uns nochmals setzen. »Und jetzt kommt ein kleiner Test«, haucht Miss Maus. Mir wird übel, und als ich gerade umkippen will, lüftet sie das Geheimnis. »War nur ein Scherz! Wer will, kann an einem Museumsrätsel teilnehmen. Da gibt's ne Menge Kinotickets und Eintrittskarten für den Kletterpark zu gewinnen.« Na also, ansatzweise geht's doch – warum aber nur so spät und nachdem der ganze Besuch uns richtig auf die Nerven ging?

Die vier ????

Nr. 1: Warum entspricht das Outfit der Museumsmitarbeiter selten dem thematischen Hintergrund des Museums oder der Ausstellung? Oft wirken die biederen Kleider wie Aufpasseruniformen.

Nr. 2: Wieso wird das Ausstellungserlebnis nicht auch in anderen Bereichen der Ausstellung auf eine witzige Art und Weise integriert? Zum Beispiel beim Kassenhäuschen, in den Toiletten oder bei den Garderoben. Das gäbe ein rundum Mittendrin-Feeling!

Nr. 3: Warum sind Museumsführungen oft so wenig interaktiv? Rubens und Picasso waren doch auch einmal Kinder, die einbezogen und beschäftigt werden wollten.

Nr. 4: Warum werben viele Unternehmen in aufwändigen Marketingaktionen um jugendliche Kunden, sprechen diese im direkten Kundenkontakt dann jedoch wie Erwachsene und damit völlig unpassend an?

So wäre es besser ...

In Tierparks hat sich eine Menge getan in den letzten Jahren. Ganz häufig begleiten Rätsel, Ausstellungen und Ranger-Treffpunkte den Rundgang und verhindern für junge Gäste so die ganz große Langeweile. Wenn Sie richtig gute Tierparks besuchen möchten, haben wir hier vier Tipps für Sie:

1. Der Zoo in Zürich
2. Tierpark Hagenbeck in Hamburg
3. Tierpark Goldau in Goldau/Schwyz
4. Der Westküstenpark in St. Peter Ording

Wunschkonzert!

Warum werden Klassenfahrten oder Ausflüge ins Museum nicht mal vom Nachmittag in den Abend hinein veranstaltet? Schon das würde den Ausflug für Schüler zum Erlebnis machen, und wenn dann noch Interaktion und Verpflegung stimmen, dann passt alles. Nur Mut, liebe Lehrer und Schuldirektoren!

Donnerstagvormittag, 09:29 Uhr

Haarige Geschichten

Kennen Sie das? Sie benutzen speziell auf Ihren Geschmack ausgerichtete, favorisierte Produkte, die sie regelmäßig einkaufen. Beispielsweise einen Lieblingsjoghurt oder eine lieb gewonnene Handseife. Und schwups – ohne Vorwarnung – wird genau jenes geschätzte Produkt eines Tages aus dem Sortiment genommen oder nicht mehr hergestellt. Somit sind Sie nun gezwungen, sich auf die Suche nach einem annähernd gleichwertigen Produkt zu machen.

Eine etwas längere Ankündigungs- und Reaktionszeit hatte mir meine Friseurin Maria zugestanden. Für sie selbst war es die erfreuliche Nachricht, dass sie in weniger als 7 Monaten Mami werden würde. Für mich jedoch war es die bittere Erkenntnis, dass ich nach vielen Jahren höchster Zufriedenheit eine neue Kompetenzperson für meine Haarangelegenheiten finden musste. Je mehr ich mich über den wachsenden Bauch von Maria freute, umso mehr vergaß ich, dass bald der

Moment der Neuausrichtung kommen würde. Doch mit dem Erhalt der Geburtsanzeige wurde nun auch mir klar, dass ich zum Handeln gezwungen war.

Dies ist nur ein schönes Beispiel, warum ich Maria vermissen werde: An einem heißen Sommertag bot sie mir eine doppelte Erfrischung an. Zuerst einen leckeren, selbst angerührten Eistee und anschließend eine kleine Kopfmassage mit einem erfrischenden Minze-Haarwasser. Der Effekt war unglaublich: die belebende Wirkung der Kopfmassage spürte ich noch den ganzen Tag. Bei der Reservierung meines nächsten Termins bestellte ich gleichzeitig eine Kopfmassage dazu. Auch wenn ich sie von nun an bezahlte: Ich freute mich riesig darauf, weil ich wusste, welche angenehme Vitalität mich dann durch den Rest meines Tages begleiten würde.

Die Suche nach einem neuen, verlässlichen Friseur erwies sich als schwieriger als angenommen. Sogar Empfehlungen aus dem Bekannten- und Freundeskreis waren in diesem Fall wenig hilfreich. Zu unterschiedlich sind die verschiedenen Geschmäcker und die Anforderungen an jemanden, den man an seine Frisur lässt. Schließlich spielt der Faktor Sympathie eine mindestens ebenso große Rolle wie der Faktor Fachkompetenz.

Auch die spontane Wahl eines Friseurgeschäfts erwies sich eher als Blindflug denn als gesicherte Punktlandung. Eine Zeit lang ließ ich mich sogar von den außergewöhnlich kreativen Namensgebungen der Friseursalons verleiten. Hier ein paar Beispiele:

- Cut Club,
- Haareszeiten,
- Abschnitt B,
- Haar-M,
- Haar Spa,
- Schnitt-Stelle,
- Haarlekin,

- Déjà Vu,
- Hairpoint,
- Haarchitektur.

Wenn die Fachleute für Kopf-Wellness und Haarhandwerk bei der Kundenorientierung genauso kreativ wären wie bei der Namensgebung ihrer Salons und Geschäfte, dann hätten wir Haarelasser wohl angenehmere und nachhaltigere Friseurbesuche und weniger haarige Durchschnittsleistungen zu verzeichnen. Als neue Kundin stellte man mir selten mehr als zwei oder drei Fragen zu meinen Wünschen, und nach dem Besuch wusste ich keinen Grund, warum ich in diesen Salon zurückkehren sollte.

Jetzt, kurz vor den Urlaubstagen, starte ich den dritten Versuch, um einen angenehmen und praktischen Haarschnitt hingezaubert zu bekommen. Ich entscheide ich mich für das Friseurgeschäft »Hairy Potter«. Nicht ganz unoriginell, zumindest weil der Figaro selbst dem Zauberknaben tatsächlich ein wenig ähnlich sieht und eine Rundbrille auf der Nase trägt. Also gut, dann eben einmal ein Friseur statt einer Friseurin. Nun bin ich ja mal gespannt, was er mit seiner Zauberschere anstellen wird ...

Die vier ????

Nr. 1: Warum halten manche Mitarbeiter beim Verlassen des Salons nie die Tür auf, auch wenn sie es von der Kasse aus sogar näher zum Ausgang haben als der Kunde?

Nr. 2: Wieso gibt man Brillenträgern jeweils erst am Ende die Möglichkeit, die Brille aufzusetzen, um das Resultat zu begutachten? Ein Blick auf die Etappen, die zum Ziel führen, wäre sehr beruhigend.

Nr. 3: Viele Kunden gehen in regelmäßigen Abständen zum »Haardesigner«. Warum werden sie dennoch sehr selten nach dem nächsten Wunschtermin gefragt?

Nr. 4: Warum empfehlen so wenige Mitarbeiter Produkte aus der gro-ßen Auswahl, die meistens im Regal steht? Für wen stehen diese bunten Plastiktuben und Flaschen mit Staubschicht herum, wenn nicht für die Kunden?

Wunderbare Bespiele mit erhöhtem Erinnerungswert

* In einem Friseursalon werden anstelle der Plakate und Fotokataloge von Haarmodels Fotos von den eigenen Kunden verwendet. Mit deren Einverständnis werden also genau die »Kunstwerke« präsentiert, welche in diesem Geschäft entstanden sind. Welch toller Beweis für die eigene Kompetenz und für die vorbildliche Kundenidentifikation!
* Welche Farbmischung haben Sie beim letzten Mal verwendet? In den wenigsten Fällen können Sie sich wohl daran erinnern. Eine mitdenkende Friseurin eines Salons im Kanton Graubünden führt eine Kundenkartei, in der sie diese Informationen festhält. Vor dem Besuch konsultiert sie die Kartei, liest sich ein und ist dann perfekt vorbereitet – inklusive konkreten Vorschlägen zur neuen Haarpracht. Nach dem Haarschnitt, bevor es zum Finish kommt, präsentiert sie die verwendeten Produkte und erklärt, was sie weshalb verwendet hat. Dazu gibt es saisonale Tipps, zum Beispiel für spezielle Sommershampoos für/gegen Sonnenlicht mit einem UV-Filter.
* In einem Friseurgeschäft in einer Einkaufspassage notiert sich das Friseurteam in der Kundenkartei die Lieblingszeitschriften des Kunden und legt diese beim Besuch auf.
* Am Flughafen tummeln sich oft viele Business-Leute, welche die Gelegenheit nutzen, die Wartezeit mit etwas ganz Praktischem zu verbinden: einen neuen Haarschnitt verpasst zu bekommen. Ein Flughafensalon bietet den Kunden einen iPod an, der mit aktuellen Podcasts aus der Business- und Wirtschaftswelt gefüttert wurde. Als kleines Abschiedsgeschenk gibt es Haar- und Rasierprodukte in praktischer Reisegröße mit auf den Weg.

Wunschkonzert!

Im Sommer wäre ein Handtuch am Rücken wünschenswert, weil es verhindert, dass der schwitzende Rücken regelrecht am Ledersessel kleben bleibt.

Toll wäre auch, wenn die Haarreste der Vorgänger nicht nur vom Boden, sondern vom Stuhl und von den aufliegenden Magazinen verschwinden würden.

In den Coiffeursalons sind die Spülbecken praktisch immer aus Keramik – für den Nacken eine wahre Tortur! – Weshalb gibt es nicht eine Art Kissen, so wäre das Kopfaufliegen auf diesen Spülbecken um einiges angenehmer?

Donnerstagmittag, 12:04 Uhr

Gastlich- oder Garstigkeit?

Mit meinem neuen Haarkunstwerk begebe ich mich auf direktem Weg Richtung Innenstadt. Dort habe ich mich mit einer ehemaligen guten Arbeitskollegin zum Essen verabredet. Nebst freundschaftlichem Smalltalk werden wir uns vor allem über ihren neuen Teilzeitjob unterhalten. Mit etwas Verspätung treffe ich beim trendigen Spanier ein. Am Eingang werde ich etwas schroff zurückgehalten:

»Haben Sie reserviert?!«, trompetet mir der Mann im schwarzen Zwirn entgegen.

»Ähm, ich nicht, aber meine Kollegin Anita ...«, beginne ich meinen leicht eingeschüchterten Satz, um im nächsten Moment festzustellen, dass mir ihr neu erstandener Nachname entfallen ist. Gleichzeitig suchend und hoffend, dass mir entweder ihr jetziger Name einfällt oder ich sie im Restaurant erspähen kann, spüre ich den ungeduldigen Blick des »Gastgebers« mit Türstehergesicht. Zum Glück winkt sie mir in diesem Augenblick vom Tisch beim offenen Fenster zu.

Etwas mitgenommen von meinem Friseurbesuch und dem griesgrämigen »Mister Empfang« sprechen wir während des zähen Bestell- und Serviervorgangs über Gott und die Welt, aber auch über Erlebnisse in der Gastronomie. Wir stellen fest, dass wir ab und zu in Restaurants essen und uns zu einem feinen Cappuccino in einem Café treffen. An auserlesenen Abenden ist auch mal ein Glas Rotwein oder ein fruchtiger Cocktail in einer Bar drin. Am Ende bezahlen wir brav die Rechnung und runden den Betrag auf. Manchmal großzügig, manchmal knauserig. In einem Punkt sind wir uns vollkommen einig: Trinkgeld soll Top-Leistungen honorieren – den Einsatz von Menschen, die mehr als nur ihr Pflichtprogramm durchziehen. Durchschnitt beklatschen und belohnen macht keinen Sinn. Und als ob die Restaurant-Crew uns zugehört hätte: Wie von Geisterhand wurde der Service doch noch besser, ja sogar ziemlich gut. Warum? Erstens gab es keine großen Wartezeiten mehr – die Aufmerksamkeit nahm zu. Zweitens empfahl uns der Serviceleiter ein feines Dessert, anscheinend sein persönliches Lieblingsdessert – ein cleverer Zug. Und zum guten Schluss brachte er die Rechnung ohne zusätzliche Aufforderung, nur weil wir die Portemonnaies auf den Tisch gelegt hatten.

Überholte Floskeln aus dem Service

»Haben Sie reserviert?«

Dabei ist das Restaurant halb leer ... Was passiert, wenn ich nicht reserviert habe? Kriege ich dann nur noch einen zweitbesten Tisch? Habe ich damit gegen eine hausinterne Benimmregel verstoßen? Bekomme ich jetzt den ganzen Abend kein Lächeln mehr zu sehen?

Vorschlag: Stellen Sie sich mit Namen vor. So stellt sich auch der Gast mit Namen vor. Sie erkennen rasch, ob er bereits reserviert hat. Wenn nicht, eignet sich die Frage: »Wie viele Personen dürfen wir heute Abend hier verwöhnen?«

»Sind Sie alleine?«

Der Gast steht alleine im Restaurant und fragt nach einem Tisch ... Keine sonderlich motivierende Frage, wenn man wirklich alleine essen geht. Alleine ist der Gast ja nun wirklich nicht, da Sie ihn für die nächsten Momente mit Ihrer Anwesenheit belohnen werden.
Vorschlag: »Von wie vielen Personen werden Sie begleitet?« Weisen Sie dem Gast anschließend einen schönen Platz im Restaurant zu und fragen Sie ihn: »Wie gefällt Ihnen dieser Tisch?«

»Hätten Sie gerne einen Aperitif vorweg?«

Mit geschlossenen Fragen erreichen Sie ein »Ja« oder ein »Nein«. Arbeiten Sie mit offenen Fragen, die Wirkung wird Sie verblüffen ...
Vorschlag: »Was darf ich Ihnen als Aperitif anbieten?« – »Was darf es zum Aperitif sein: ein Weißwein oder ein Glas Prosecco?«

»Haben Sie schon gewählt?«

Wenn Ihnen der Gast diese Frage beantwortet, kommt Ihre nächste Frage: Sie wollen jetzt wissen, wofür sich der Gast entschieden hat – richtig? Sparen Sie sich die erste Frage ...
Vorschlag: »Was darf ich Ihnen bringen?« – »Für welches Menü können Sie sich begeistern?« Wenn der Gast unsicher ist, fragen Sie, welche Informationen Sie ihm noch geben können, um ihm die Entscheidung zu erleichtern.

»Das müsste ich in der Küche abklären.«

Ein Gast wünscht eine kleine Menü-Änderung. Eine andere Beilage vielleicht oder ohne ein bestimmtes Gewürz – und schon kommen die Serviceangestellten ins Schwitzen.

Vorschlag: »Ich informiere mich beim Koch, was wir für Sie arrangieren können. Ich bin gleich wieder bei Ihnen.«

»Nehmen Sie noch ein Glas Wein dazu?«

Auch hier: Wenn der Gast die Frage mit »Ja« beantwortet, stellt sich sofort die nächste Frage: Welchen Wein will der Gast gern trinken?

Vorschlag: »Was trinken Sie zu Ihrer Speise – Rotwein oder Weißwein?« So merken Sie automatisch, ob den Gästen nach Wein zumute ist oder nicht. Je nachdem, welche Weinrichtung der Gast wählt: Geben Sie zwei bis drei Weinempfehlungen passend zum Gericht und den Vorlieben der Gäste, das wirkt professionell.

»Darf es noch ein Dessert sein?«

Die Karte in den Händen haltend – Tonlage: »Ich weiß, dass Sie Nein sagen!« Klar, dass sich viele Gäste hier nicht so richtig für ein Dessert begeistern können. Zumal Süßigkeiten immer auch mit möglichen Gewichtszu- und Kontostandabnahmen verbunden sind.

Vorschlag: »Was darf ich Ihnen zum Dessert anbieten: Ein hausgemachtes Mousse au Chocolat oder ein leicht bekömmliches Sorbet zur Verdauung?«

»Isch es rächt gsy?« (deutsch: War es gut?)

Mal ehrlich. Welche Antworten erhalten Sie meistens auf diese Frage?

Gefälligkeitsantworten – oder etwa ein aufrichtiges Nein? Mit größter Wahrscheinlichkeit wird hier der Weg des geringsten Widerstands gewählt.

Vorschlag: Fragen Sie während des Essens bereits nach, ob der Kunde zufrieden ist.

Die vier ????

Nr. 1: Warum wird meine Kerze auf dem Tisch fast nie angezündet, wenn ich ein Abendessen ohne Gesellschaft einnehme? Gerade dann täten doch ein wenig mehr Licht und Wärme gut!

Nr. 2: Wieso reagiert in der Küche nie jemand auf meinen »Gruß zurück«, nachdem ich durch das Servicepersonal »einen Gruß aus der Küche« von einem anonymen Absender serviert bekomme?

Nr. 3: Unglaublich und für die meisten völlig unverständlich, dass bei Schichtwechsel im Service eine Zwischenabrechnung vorgenommen wird und einige Gäste sich unterschwellig aufgefordert fühlen, »ein Haus weiter zu gehen«. Muss das wirklich sein?

Nr. 4: Obwohl an einem Tisch mit acht Gästen nur eine Person einen Salat mit italienischer Sauce bestellt hat, fragen die Servicemitarbeiter stets nach den Gästen, die den Salat mit French-Dressing nehmen. Warum? Meistens verläuft dies eher ineffizient und es beschäftigt eine Menge Gäste unnötigerweise.

Potpourri von kleinen Verblüffungen

- In einem Restaurant mit angenehmem Ambiente und gedämpftem Licht halten die Gastgeber kleine Leselampen bereit, die man an der Speisekarte anbringen kann. Glühwürmchen-Romantik inbegriffen.
- Ein großer Holzschuh, also ein holländischer Zockel, dient in einem Restaurant mit niederländischen Spezialitäten als Speisekarte. Rund um den Schuh sind die diversen Köstlichkeiten aus dem Land der Windmühlen angebracht. Die Desserts befinden sich auf der Sohlenseite.
- Weitere kreative Arten, um die eigene Speisekarte aufzupeppen: Preise werden mit dem Zusatz »inkl. Abzug von X % zur Unterstützung der Weltwirtschaftskrise« angegeben. Es wird eine spezi-

elle Karte für »Unentschlossene« ausgehändigt – mit einem stark reduzierten, jedoch sehr schmackhaften Angebot. Oder diejenige Speisekarte, die darauf hinweist, dass ein hausgemachter Digestif zur Pflege der Stimmbänder serviert wird, wenn die Bestellung gesungen wird.

- Die Rechnung eines asiatischen Restaurants wird in einer kleinen Schatztruhe überbracht. Nebst der Rechnung findet man darin eine stilvolle Visitenkarte sowie ein paar Süßigkeiten und Minzbonbons für den frischen Atem danach. In einigen der Schatztruhen liegt eine Schatzkarte als symbolischer Gutschein für einen Aperitif mit Snack beim nächsten Besuch.

- In einem sehr guten Restaurant werden den Damen praktische Handtaschenhalter zur Verfügung gestellt. Für die Herren gibt es einen sogenannten Gentlemen-Butler. Ein kleine Vorrichtung unterhalb der Tischkante, um Brieftasche, Handy und den Schlüsselbund bequem zu deponieren.

- Ein Restaurant, das wunderbar an der Seepromenade gelegen ist, hat sich etwas Märchenhaftes ausgedacht: die Wunschsteinsuppe. Bestellt man diese Suppe als Vorspeise, wird man früher oder später einen golfballgroßen Stein darin entdecken. Diese Steine werden im nahe gelegenen Bachbeet von der Küchenbrigade gesammelt und gereinigt. Nach dem kulinarischen Genuss wird der Suppenteller abgeräumt und der Stein zum Abschluss des Mahls auf einem Silbertablett dem Gast übergeben. Nun kann derjenige am Seeufer, mit dem Rücken zum Wasser gekehrt, diesen Stein über seine linke Schulter werfen und einen Wunsch äußern – der natürlich in Erfüllung gehen wird!

- In Restaurants erlebt man immer wieder erinnerungswürdige Momente mit seinen besten Freunden oder mit der Familie. Schade, dass die Fotoaufnahmen vom Handy dies nur mit mangelnder Qualität festhalten. Genau dies hat ein Restaurantbesitzer mit wachem

Geist erkannt. Daher bietet er der geselligen Runde an, einen bleibenden Eindruck mit seiner digitalen Spiegelreflexkamera zu hinterlassen. Ein erster Abzug wird zusammen mit der Rechnung übergeben. Auf Wunsch wird das digitale Erinnerungsstück per E-Mail am Tag danach dem Gast zugeschickt.

Wunschkonzert!

Schön, wenn auch die stillen Örtchen eines Gastbetriebes dem Ambiente des Restaurants entsprechen und einladend wirken. Das beginnt schon beim Bereitstellen von Handtüchern oder Servietten anstelle dieser unsäglich lärmenden Warmluftgebläse. Denn diese Gebläse sind nicht nur für Kinder wenig geeignet. Apropos Kinder: Wann wird pro Restaurant wenigstens ein Pissoir in einer für Kinder geeigneten Höhe befestigt?

Donnerstagnachmittag, 15:40 Uhr

Handwerkskunst

Der Handwerker hatte seinen Besuch zwischen 14 und 16 Uhr angekündigt. Mich beschleicht mein schlechtes Gewissen, als ich mit 10 Minuten Verspätung zu Hause ankomme. Allerdings umsonst. Denn auch 90 Minuten später warte ich noch auf den Handwerker, der unsere Waschmaschine auswechseln wird. So habe ich immerhin die Möglichkeit, in zwei Wochen die Ferienwäsche zu erledigen. Endlich – ein paar Minuten vor vier – klingelt es an der Türe. Durch den Türspion erkenne ich eine tief ins Gesicht gezogene Mütze mit Dreitagebart. Ich öffne schwungvoll und stelle mich dem Herrn als Jeanette Friedmann vor.

Er brummelt so etwas wie Caretone oder Panettone oder so ähnlich – »angeschrieben« ist er nicht, was meinen wachsamen Augen nicht entgeht. »Ich komme wegen der defekten Waschmaschine.«

Aha, denke ich mir und kann es mir nur knapp verkneifen, einen Spruch loszulassen. Gedacht habe ich: »Wie der Postbote sehen Sie auch nicht gerade aus.« Stattdessen begleite ich ihn in die Waschküche.

»Darf ich schnell Ihre Toilette benutzen?«, sind die nächsten Worte die er an mich richtet.«

»Na klar, die finden Sie am Ende des Flurs auf der rechten Seite«, weise ich ihm den Weg und füge an: »Sie melden sich bei mir, wenn Sie etwas brauchen oder wenn Sie fertig sind?« Er quittiert mit einem stummen Kopfnicken.

Etwa eine halbe Stunde später macht er sich wieder bemerkbar. Achselzuckend erklärt er mir, dass er den Grund des Defekts eruieren konnte, aber die Ersatzteile dafür nachbestellen müsste: »Das dauert dann in der Regel drei bis vier Tage«, meint er emotionslos.

»Na gut, zum Glück stellen Sie mir ja eine Ersatzwaschmaschine zur Verfügung.«

»Von einer Ersatzmaschine weiß ich nichts – und das würde für Sie auch Extrakosten auslösen.«

»Ja, aber ... habe ich nicht gestern mit Ihnen diese Lösung besprochen?«

»Nein, das war ich bestimmt nicht! Wahrscheinlich mein Kollege, der Herr Wegmüller. Am besten sprechen Sie nochmals mit der Serviceabteilung, ich kann momentan nichts mehr tun ...«

Er sieht mir meine Verärgerung wohl an, greift behände zu seinem vorbereiteten Arbeitsrapport und verlangt eine Unterschrift von mir. Danach macht er sich mit seinen sieben Sachen schnell aus dem Staub.

Obwohl, das stimmt nicht ganz. Eine gute Portion Staub hat er in der Waschküche zurückgelassen, und dazu einen Schraubenzieher.

Die vier ????

Nr. 1: Warum bekommt man von den Fachmännern nicht des Öfteren nützliche Hinweise, Tipps und Empfehlungen zu den Geräten und Installationen? Das wäre doch ein Gewinn für beide Seiten, wenn Handwerker und Monteure ihre Fachkompetenz beweisen können.

Nr. 2: Wieso erklären die handwerklich begabten Menschen zu Beginn des Gesprächs nicht, was genau sie nun ausführen werden und wie lange dies in etwa dauern wird?

Nr. 3: Warum bejahen Handwerker die Frage, ob sie einen Kaffee oder ein Mineralwasser wollen, wenn sie es nachher wortlos stehen lassen?

Nr. 4: Obwohl es heutzutage praktische Überschuhe gibt und es auch von Respekt gegenüber seinen Kunden zeugt, stapfen die meisten Handwerker mit ihrem teilweise dreckigen Schuhwerk durch die Wohnung. Warum?

So erzielt man bessere Wirkung ...

- Ein Malergeschäft feiert die Übergabe der neu gestalteten Räumlichkeiten an den Kunden mit einer kleinen Inszenierung. Dazu spannen sie beim Türrahmen ein rotes Seidenband und reichen dem Kunden eine Schere, mit der er dieses durchschneiden kann. Die Schere übrigens darf er als kleine Erinnerung an die tadellosen Malerarbeiten behalten.
- Ein Lift- und Aufzugsunternehmen bestätigt den geplanten Installationstermin drei Wochen vorher mit einem kreativen Ankündigungsschreiben. Darin findet man auch ein Foto des Monteurs, der an jenem Tag die Arbeiten ausrichten wird. Das ist eine besondere Wertschätzung auch gegenüber den eigenen Mitarbeitern.

- Nach erfolgter Installation oder Reparatur hinterlässt der Mitarbeiter eines Elektrogeschäftes eine kleine persönliche Botschaft mit einer Mini-Taschenlampe oder einer Kerze mit Streichhölzern. »Damit Ihnen auch dann ein Licht aufgeht, wenn wir nicht zur Stelle sind! Ihr zuverlässiger Elektropartner – auch für Situationen, die nicht vorhersehbar sind.«
- Eine Idee mit ähnlichem Charakter setzt ein Maler- und Gipserladen um. Er übergibt zum Abschluss der Erneuerungsarbeiten einen speziellen Schwamm, mit welchem man kleine Flecken und Fingerabdrücke mit Leichtigkeit wieder beseitigen kann. Bei größeren Unterhaltsarbeiten kennt man ja den Fachmann bereits.
- Manchmal delegiert ein Möbelhaus Lieferung und Montage neuer Möbel an eine Partnerfirma. Eines dieser Transportunternehmen fragt nach durchgeführter Lieferung direkt beim Kunden nach, ob er mit der Montage zufrieden ist. Bei Beanstandungen nimmt es sich der Sache gleich selbst an und leitet die nötigen Schritte für die Behebung der Mängel ein.

Wunschkonzert!

Wo Hand angelegt wird, kann auch mal etwas kaputtgehen. Schön, wenn die Handwerker für Fehler oder Schäden während Installations- und Reparaturarbeiten geradestehen und dies offen und ehrlich mitteilen. Schließlich sind sie ja versichert. Übermalte Kratzer auf einem Waschbecken, die bei der ersten richtigen Reinigung wieder zum Vorschein kommen, sind keine überzeugende Visitenkarte.

Strukturierte Produkte

Ein bisschen viel los, diese Woche – aber kennen Sie das Gefühl auch, dass man in der Woche vor den Ferien dieses und jenes noch erledigen will? Plötzlich stellt man fest, dass es ein bisschen viel ist, und praktisch jeder Termin kommt einem so vor, als hätte er doch nicht so dringend noch in diese Woche gehört. Das passiert aber meistens erst, wenn die Woche schon läuft – und bis auf wenige Ausnahmen ist es dann schon zu spät.

Genau so geht es mir, als ich um Punkt vier Uhr nachmittags in meine Bank gehe. Die erste Tranche der Hypothekenfinanzierung läuft bald ab und mein Berater hat einen neuen Vorschlag erarbeitet. Gleichzeitig will er mir aufzeigen, wie ich die gesamte Einkommenssituation steuerlich optimieren können soll. Dafür nimmt einer seiner Kollegen am Gespräch teil. Genau deswegen habe ich den Termin auch nicht kurzfristig abgesagt – wenn beide ihn schon eingeplant haben.

Also, hinein in die gute Stube. Die Empfangsdame begleitet mich zum Lift, der fährt mich in die dritte Etage. Das kenne ich ja schon. Dort kommt die nächste Empfangsmitarbeiterin, und plötzlich fällt mir auf, dass ich mir vorkomme wie in dem Film *Déjà-vu.* »Bitte nach Ihnen, Herr Friedmann.« ... »Darf ich Ihnen einen Kaffee anbieten? Auch ein Mineralwasser dazu?« ... »Darf ich Ihnen etwas zu lesen bringen?« Was soll ich denn lesen wollen? Etwa einen Roman? Und überhaupt – wir haben 16 Uhr vereinbart, da könnte mein Berater doch eigentlich schon da sein. Immer dieses Getue: Erst ist das halbe Empfangsteam im Einsatz und erst danach kommt der Kundenberater angerauscht, wie zu einer Audienz.

Nun, am meisten interessiert mich natürlich sein Vorschlag. Und mit dem ist er proaktiv auf mich zugekommen. Kompliment! Ich sehe mich ein wenig im Besprechungszimmer um, in dem mittlerweile Kaffee und Mineralwasser eingetroffen sind. Dazu die Tageszeitung – hatte ich überhaupt etwas zur Frage nach dem Lesen gesagt? Der Kaffee sieht lecker aus und duftet fein. Er steht auf einem kleinen Tablett, daneben ein Milchkännchen, Zuckertütchen im Firmendesign und sogar die Kekse (oder ist es eine Praline?) sind im Corporate Design der Bank verpackt. Interessant – so sieht es nahezu in jedem Private-Banking-Besprechungszimmer aus, egal in welcher Bank. Ich sehe mich im Zimmer um. An der Wand hängt zeitgenössische Kunst. An der Wand steht ein Design Sideboard. Darauf sehe ich einen Visitenkarten-Dispenser, die Kundenzeitschrift und sechs bis acht Broschüren zu Bankprodukten. Warum dieser uniforme Gesamteindruck?

Als ich dies gerade denke, öffnet sich die Tür. Die Audienz kann beginnen. Das Gespräch startet eher herkömmlich, ja ich würde sogar sagen förmlich. Der Kollege meines Beraters stellt sich vor. Kurz und knapp. Dann gibt er mir seine Visitenkarte. Auf der steht so ziemlich genau das, was er zu sich sagte. Und was ich übrigens auch schon wusste.

Dann allerdings geht es sympathisch weiter. Mein Berater bedankt sich sehr für meine Zeit und schlägt eine kurze Gesprächsordnung vor. Ich bin irgendwie erleichtert und stimme gerne zu. Und schon legt er los. Seitlich auf dem Besprechungstisch steht ein Flachbildschirm. Während ich so zuhöre, werfe ich einen Blick darauf. Eben waren dort doch noch die Börsenkurse zu sehen. Die sind jetzt verschwunden und der Bildschirmschoner schaltet sich ein. Als ich den lese, bin ich platt: »Grüezi, Herr Friedmann. Herzlichen Dank für Ihre Zeit. Denn ich schätze es sehr, dass ich Sie heute treffen darf.« WOW!

Die vier ????

Nr. 1: Warum finden Beratungsgespräche in Banken in Besprechungs-
zimmern statt, die einander zum Verwechseln ähnlich sind? Insbesondere wenn ein Teil der positiven Differenzierung von Mitbewerbern
doch genau bei den Gesprächen in diesen Zimmern stattfinden soll?
Produkte sind heute schneller kopiert als erstellt – und das Produkt
»Beratung« ist derart standardisiert, dass positive Merkmale schwer zu
erkennen sind.

Nr. 2: Ist es nicht ein Widerspruch, Kunden bis zur Nachfolgeplanung
begleiten zu wollen, auf dem Weg dann jedoch die Ansprechpartner
häufig zu wechseln? Die Gründe für einen zu häufigen Wechsel des
Kundenberaters sind Kunden ziemlich egal: Sie schätzen es in der Regel
nicht.

Nr. 3: Wer um Himmels willen hat festgelegt, dass Kaffee mit Zucker
und Praliné im Corporate Design der Bank in jedes Besprechungszimmer gehören?

Nr. 4: Warum lesen so viele Menschen im beruflichen Umfeld ihre Visitenkarte vor, wenn sie sich doch eigentlich *persönlich* vorstellen sollen?

Ideen für einen zeitgemäßen Service

* Frische Früchte haben immer Saison, bieten Sie einige als erfrischenden und gesunden Snack an. Der Eistee ist bereits erfunden
  – wann wird er sogar in einer Bank als Getränk angeboten? Fragen
  Sie beim Mineralwasser nach der Temperatur, die Ihr Kunde bevor-
  zugt. Denn diese Feinheiten zeigen einem Kunden viel eindrückli-
  cher auf, dass er in guten Händen ist, als ein Service »wie vor 20
  Jahren«.

* Bieten Sie Ihrem Kunden an, dass er den Parkplatz in Ihrem Ge-
  bäude auch während seiner Einkäufe am gleichen Tag noch nutzen
  kann. So bieten Sie einen spürbaren Nutzen, der ganz sicher als

sympathische Geste verstanden wird. Und zwar unabhängig davon, ob der Kunde dieses Angebot annimmt oder nicht.

- Angenommen, Sie haben einen Gesprächstermin um 16 Uhr. Dann gehen Sie doch einmal um 15:55 Uhr an den Eingang und begrüßen Sie Ihren Kunden dort. So leisten Sie als Kundenberater einen großen Beitrag zum Ziel »Wertschätzung leben«. Einen Beitrag, den die gesamte Einrichtung der Bank nicht annähernd beisteuern kann.
- Notieren Sie sich, was Ihr Kunde gerne liest. Denn die immer gleiche Frage »Darf ich Ihnen etwas zu lesen bringen?« ist längst eine Floskel. Ihre Empfangsmitarbeiter sollten jedoch wenigstens ein einziges Mal zu Ihrem Kunden sagen können: »Herr Friedmann, wir haben Ihnen den *Kicker* bereitgelegt, der erscheint doch heute neu.«
- Bringen Sie in die Private-Banking-Besprechungszimmer doch einmal eine gute Portion Farbe. Eine Wand in warmem Rot oder in einem aufstellenden Hellgrün oder in Sonnengelb kann die Atmosphäre eines ganzen Raums enorm positiv verändern.

Wunschkonzert!

Kunden ist es fast immer lästig, wenn sie von einem neuen Ansprechpartner betreut werden. Schließlich hat man dem alten ja vertraut, er kennt sich aus, und vieles, was bisher klar ist, muss zukünftig erst wieder geklärt werden. Um diesen Wechsel etwas attraktiver zu gestalten, sollte das Vorstellen wenigstens besonders attraktiv über die Bühne gehen. Dafür sollten die Ansprechpartner auf einem positiven, sympathischen Steckbrief oder Factsheet vorgestellt werden. Mit einem Foto, Informationen zum Werdegang und unbedingt auch zur Person. Es ist doch nicht egal, ob jemand Fußball als Hobby angibt oder Waffensammeln. Diese sympathische Visualisierung sollte sich wie ein roter Faden durch den Auftritt einer Firma ziehen, die viel Wert auf persönliches Kommunizieren legt.

Freitag
Freitagvormittag, 07:43 Uhr

Wellnesskur für das Vierrad

An diesem Freitagmorgen herrscht Hochbetrieb am Kundendienstschalter meiner Werkstatt. Thomas Koch, Leiter des Aftersales-Bereichs hat aber die Übersicht und zieht die richtigen Fäden, um bei den Kunden schlechte Laune erst gar nicht aufkommen zu lassen. Der Lehrling offeriert den wartenden Kunden einen fein duftenden Kaffee, während die Kunden ihren Wagen zum Service abgeben und den Schlüssel des Ersatzautos in Empfang nehmen. Verkaufsberater und sogar der Geschäftsleiter selbst helfen aus und begrüßen die Kunden mit einem ansteckenden Lächeln.

»Guten Morgen, Herr Friedmann, wie geht es Ihnen und Ihrer Familie? Sind Sie bereit für erholsame Ferientage?«, begrüßt mich Thomas Koch in seiner herzlichen Art und Weise.

»Danke, so weit ist alles auf gutem Weg. Und nachdem ich meinen Wagen bei Ihnen in guten Händen weiß, werde ich sorgenfreie Ferientage verbringen.«

»Da können Sie sich drauf verlassen!« Wir beide schmunzeln zufrieden. »Wie abgemacht, Herr Friedmann, sorgen wir in der Zwischenzeit für eine Wellnesskur für Ihren Hybrid, den Sie nach Ihren Ferien wintertauglich in Ihrer Garage vorfinden werden.«

»Wunderbar, genau wie beim letzten Mal!«

Dann übergebe ich ihm den Wagen- und Garagenschlüssel. Wirklich praktisch, dass jeweils einer seiner Werkstattmitarbeiter das Auto nach erfolgtem Service mit Hilfe des Garagentoröffners gleich bei mir zu

Hause abliefert. Anstelle des Ersatzwagens bietet diese – im wahrsten Sinne des Wortes – »Vertrauenswerkstatt« diese Extraleistung für einen kleinen Aufpreis an.

»Das ist Ihr Ticket für die Tramfahrt in die Innenstadt. Ich wünsche Ihnen und der ganzen Familie erholsame Ferientage, Herr Friedmann.« Mit einem kräftigen Handschlag verabschiedet sich Thomas Koch von mir und wendet sich sogleich dem nächsten Kunden mit einem fröhlichen »Guten Morgen« zu. Ich meinerseits begebe mich zur nahe gelegenen Tramhaltestelle, von wo aus ich im Nu zur Arbeit gelange. Eine eindeutig bessere und schnellere Variante, als mit einem Ersatzwagen die paar Kilometer im Berufsverkehr schleichend zurückzulegen. Schön, dass meine Werkstatt so kundennah ist und aktiv mitdenkt.

Die vier ????

Nr. 1: Warum bekommt man nach dem Kauf eines Wagens den Autoverkäufer kaum mehr zu Gesicht? Sogar wenn man sich für den Service zur gleichen Werkstatt begibt, hat man oft das Gefühl, dass der damals so interessierte Verkaufsberater einen nicht mehr zu kennen scheint.

Nr. 2: Wieso interessiert sich kaum ein Verkaufsberater umfassend für die Bedürfnisse der potenziellen Autokäufer? Es ist doch entscheidend zu wissen, wer wie häufig mit dem Auto unterwegs ist, welchem Beruf und welchen Hobbys der Kunde nachgeht und welche fahrbaren Untersätze ihm bisher zur Mobilität verholfen haben? Ohne diese wichtigen Informationen sind auch kaum Zusatzverkäufe möglich!

Nr. 3: Warum gibt es kaum noch Autohändler, die eine bediente Tankstelle anbieten? Die wenigen, die es noch gibt, sind wahre Goldgruben, weil so Servicequalität für alle sichtbar wird – das scheint viele Kunden anzuziehen.

Nr. 4: Obwohl man bei der begleiteten Probefahrt die Gelegenheit hat, dem Kunden mit Ratschlägen und Hinweise zur Seite zu stehen, unterlassen es viele Autoverkäufer, dieses Begleiten aktiv anzubieten. Warum nutzen sie diese Chance so wenig konsequent?

Ideen für einen inspirierten Service im Autohaus

* Notieren Sie es sich, wenn Sie beiläufig von Kunden erfahren, welche Modelle Ihrer Marke sie noch interessieren würden. Sobald Sie dieses Modell als Ersatzfahrzeug anbieten können, reservieren Sie es genau für diese Kunden. Diese Überraschung wird gelingen.
* Füllen Sie Ihren Kunden bei niedrigem Stand das Scheibenwischwasser nach und legen Sie eine darauf hinweisende Nachricht mit einem Scheibenputztuch ins Wageninnere: »Wir haben Ihr Wischwasser nachgefüllt – für eine allzeit sichere Fahrt mit Durchblick!«
* Lösen Sie Vorfreude aus! Senden Sie beim Kauf eines Neuwagens ihrem Kunden einen passenden Modellwagen zu. Gleichzeitig teilen Sie ihm mit, wie lange es noch bis zur Übergabe seines neu erworbenen Autos dauert.
* Stellen Sie im Winter bei Probefahrten oder in Ersatzfahrzeugen die Sitzheizung an – eine kleine Aufmerksamkeit, die die Kunden schätzen werden.
* Verblüffen Sie Kunden auch dann, wenn Sie einen Gebrauchtwagen in Zahlung nehmen. Wie? Ganz einfach. Schießen Sie ein schönes Foto von genau diesem Fahrzeug und senden Sie es dem Kunden einige Tage oder sogar Wochen nach dem Kauf zu. Sie schenken damit eine Menge schöne Erinnerungen.

Wunschkonzert!

Die Anschaffung eines neuen Autos ist nun wirklich nichts Alltägliches. Umso mehr wünschen viele Kunden sich, dass der Moment der Übergabe etwas persönlicher und emotionaler über die Bühne geht. Apropos Bühne: Eine kleine Inszenierung mit einem roten Teppich und Scheinwerfer oder einem durch ein Seidentuch verhülltes Fahrzeug würde das Kauferlebnis enorm aufwerten.

Freitagmittag, 12:38 Uhr

Wer zu spät kommt ...

Dieser Freitagvormittag ist für mich etwas ganz Besonderes, denn ich unterstütze meinen früheren Arbeitgeber. Da ich sowieso plane, wieder eine Teilzeitstelle anzutreten, freut es mich ganz besonders, dies als Aushilfe in meinem richtigen Beruf zu tun. Nach den Ferien werde ich noch mehrmals am Freitag im Einsatz sein. Dafür gleicht der Freitagmittag heute allerdings einem Wettlauf. Laura und Matteo kommen beide um 13 Uhr nach Hause und wegen der Ferien bringen sie zwei Freunde zum Essen mit.

Zwar habe ich vom Büro nach Hause nur ganze sechs Minuten, doch heute traue ich meinen Augen nicht. Kein Strom! Und das um 12:38 Uhr. Einfach so! Am Freitagmittag. Okay – jetzt ganz ruhig bleiben. Ab, die Treppe hinunter zum Sicherungskasten – alles normal. Das Licht im Keller geht allerdings auch nicht. Und die Klingel? Ich laufe die Treppe hinauf, öffne die Haustür und klingle. Nichts geht. Warum es ausgerechnet die Klingel ist, die meine Erkenntnis reifen lässt, weiß ich auch nicht: Stromunterbrechung. Was kochen? Was essen? In einer knappen halben Stunde kommen die Kinder schon nach Hause ...

Viel später finde ich dann den Hinweis auf die Stromunterbrechung in der Dienstagspost. Der Brief hat es sich zwischen einer Menge Werbung und der Tageszeitung gemütlich gemacht. Warum um Himmels willen haben wir denn am Dienstag die Post nicht gelesen? Keine Ahnung ... Und jetzt? Was ist denn noch eingefroren? Die feine Hühnersuppe von der vergangenen Woche? Doch die hat Laura ja nicht gerne. Wann ist der Strom wieder da? Um halb zwei Uhr. Hm – soll ich erst etwas rohes Gemüse aufschneiden und dann kochen? Das ist eine gute Idee. Applaus ist von hungrigen Kindern dafür zwar nicht zu erwarten, doch wenn der Strom um halb zwei Uhr wirklich wieder da ist ... Am besten rufe ich kurz an ... Wo sind denn die Karotten, die muss ich ja erst noch putzen ...

Die vier ????

Nr. 1: Eins ist sicher: Zu spätes Informieren führt oft zu schlechter Stimmung im Kundenkontakt. Warum kündigen Energieanbieter dann Stromunterbrechungen immer noch sehr spät und auf Wegen an, die von den Kunden durchaus auch leicht übersehen werden können?

Nr. 2: Warum leisten sich Energieanbieter auch im Jahr 2010 noch veraltete Mahnungsvorgehensweisen? Wer beim verspäteten Zahlen einer Stromrechnung ohne Ankündigung gleich eine Mahngebühr verrechnet, diese für Kunden, die am Telefon reklamieren, jedoch gleich wieder rückgängig macht, wirkt nicht glaubwürdig.

Nr. 3: Warum glauben so viele Energieunternehmen immer noch, dass Kundenzufriedenheit über Sponsoring-Maßnahmen und Werbung an der Straße erzielt wird? Wenn dies dazu führt, dass die Investitionen in persönlichen und freundlichen Service knapp gehalten werden, ist das ein Fehler.

Nr. 4: Und wieso sind die Rechnungen der Stromunternehmen oft so unübersichtlich? Es hagelt nur so von Abkürzungen und die Tarifzeiten sind eher verschlüsselt als übersichtlich aufgeführt. Nicht einmal der Kostenvergleich mit der Vorjahresperiode wird als Serviceleistung aufgeführt.

So können Stromunternehmen Rechnungen kundenorientierter gestalten

- In Rechnungen die Entwicklung des Stromverbrauchs aufzeigen, damit Kunden den Verbrauch und die Kosten dafür vergleichen können.

- Rechnungen Informationen beilegen, die aufzeigen, für welche Investitionen aktuell Zuschüsse erhältlich sind (von Sonnenkollektoren über die Isolation bis zur Wärmepumpe).
- Auf der Rechnung regelmäßig aufzeigen, welchen Strommix die Kunden derzeit beziehen. Ebenfalls Vorschläge unterbreiten, wie dies geändert werden kann (zum Beispiel mehr Ökostrom) und welche finanziellen Auswirkungen das haben wird. Telekommunikationsunternehmen und Krankenversicherer können das – also müsste es für Stromanbieter doch auch im Bereich des Möglichen liegen.

Wunschkonzert!

Energie zu sparen ist ein gemeinsames Interesse aller Menschen – somit sollten die Stromanbieter ihre Kunden regelmäßig mit Stromspartipps informieren, verbunden mit Best-Practice-Beispielen.

Freitagnachmittag, 14:46 Uhr

Zu Ihren Akten

Pouletbrust im Sesammantel mit Karotten und Kartoffelbrei – wenn die Kinder am Mittag so richtig mit Freude essen, dann macht das einfach großen Spaß. Erst jetzt fällt mir auf, dass Laura heute Mittag sogar die Karotten verputzt hat wie ein Hase. Das muss der Hunger gewesen sein – sonst sagt sie beim Anblick von Karottengemüse immer, dass sie diese besser mit auf den Ponyhof genommen hätte ...

Die Spülmaschine ist halb gefüllt, als mein Blick die heutige Post streift. Was ist eigentlich in diesem kleinen Päckchen – ach ja, das ist ja das fehlende Verbindungsstück vom Duschschlauch. Ich öffne das Päckchen und halte einen Brief vom Handwerker in der Hand, der eher aussieht wie ein Formular mit vielen Kästchen. Ein sogenannter Kurz-notizen-Brief:

Duschschlauch

☑ Zu Ihrer Orientierung

☑ Zu Ihren Akten

☑ Zur Überprüfung

Sehr geehrte Frau Friedmann,
beiliegend erhalten Sie von uns einen Duschschlauch, den wir bestel-len mussten. Sollten Sie Hilfe bei der Montage benötigen, melden Sie sich bitte unter der Nummer 079- usw.
Besten Dank. Freundliche Grüße.

So, so – für die Orientierung bedanke ich mich ja gern. Nur was soll ich zu den Akten legen: den Kurzbrief oder den Duschschlauch? Und was soll ich überprüfen? Ob der Schlauch auch im Päckchen ist? Neugierig werfe ich einen Blick auf die vielen weiteren Kästchen: Die Auswahl an sinnlosen Kommentaren ist nämlich noch viel größer.

☐ Zur Weiterleitung
☐ Mit bestem Dank zurück
☐ Zur Unterzeichnung

Da frage ich mich eine ganze Menge! An wen weiterleiten? Wie oft dankt mir der Absender da bestens? Und als Krönung bin ich wirklich froh, dass ich den neuen Duschschlauch vor der Montage nicht auch noch unterzeichnen soll ...

Die vier ????

Nr. 1: Warum werden Kurznotiz-Formulare überhaupt noch versendet? Sie wirken sehr, sehr veraltet.

Nr. 2: Warum setzen so viele Firmen auf langweilige und floskelhafte Grußformeln (mit freundlichen Grüßen)?

Nr. 3: Warum heißt es: »Ein Bild sagt mehr als tausend Worte«, und doch findet sich in kaum einem Brief ein Bild?

Nr. 4: Warum beginnen so viele Briefe mit Nummern statt mit einer Sie-Formulierung?

Drei Tipps für das Aufpeppen Ihrer Korrespondenz

1. Zählen Sie in Ihren Standardbriefen, die Sie häufig versenden, wie oft die Wörter »wir/uns« vorkommen im Vergleich zu »Sie/Ihnen«. Ändern Sie Ihre Formulierungen so lange, bis »Sie/Ihnen« überwiegt.
2. Streichen Sie auf Ihren Briefen alle Abkürzungen oder Nummern, die nicht für den Kunden gedacht sind, sondern internen Zwecken dienen.
3. Schreiben Sie junge Kunden (siehe »Verstaubte Geschichte«) nicht mit »Sehr geehrter Herr Friedmann« an, sondern mit »Hallo Matteo«.

Wunschkonzert!

Legen Sie anstelle der veralteten Kurznotiz-Formulare einfach eine Postkarte bei und notieren Sie handschriftlich, was zu tun ist. Dies wirkt viel sympathischer und individueller und macht Ihren Kunden eine Freude, statt sie standardisiert anzusprechen.

Einfaches Verfahren – ganz schön kompliziert

»Meier.«

Joe: »Hallo? Bin ich da richtig bei der Steuerbehörde? Hier ist Friedmann.«

»Ja, hier ist Meier. Was kann ich für Sie tun?«

»Nun, Sie haben mir vor einiger Zeit einen Brief geschrieben. Darin teilen Sie mir mit, dass ich beim Abrechnen des Lohns unserer Pflegehilfe das falsche Formular ausgefüllt habe. Oder besser gesagt: haben soll. Doch das verstehe ich ...«

»Wie ist Ihre Bearbeitungsnummer?«

»Was? Die Bearbeitungsnummer, hmm. Was weiß denn ich? Steht sie auf dem Brief?«

»Ja, sie beginnt immer mit den Ziffern 200811.«

»Aha. Dann ist es die 200811 noch mal die 11-JF-8.«

»Okay. Moment bitte ... *(Pause)* So. Jetzt habe ich den Brief vor mir. Worum geht es denn?«

»Nun, seit ungefähr 15 Monaten haben wir eine Pflegeperson beschäftigt, wenn auch nur einen Tag pro Woche. Diese Dame ist natürlich angemeldet und ich war extra bei Ihnen in der Dienststelle, um dies vorzunehmen. Mit einer Kollegin von Ihnen habe ich dann alles ausgefüllt. Jetzt schreiben Sie mir, dass ich für die Lohnabrechnung das falsche Verfahren gewählt habe und dass wir das sogenannte einfache Verfahren bei der Abrechnung nicht anwenden können. Ehrlich gesagt, das begreife ich nicht.«

»Wer war denn das?«

»Wer war was?«

»Mit wem haben Sie diese Anmeldung denn ausgefüllt?«

»Ja, als ob ich das noch wüsste! Das können Sie doch sicher selbst nach-sehen. Ich will jedenfalls nicht noch einmal alles ausfüllen ... und in der Steuererklärung haben wir das einfache Verfahren auch angegeben.«

»Das geht nicht.«

»Das sagen Sie – ist alles schon ausgefüllt und versendet.«

»Wissen Sie, Herr Friedmann, ich glaube Ihnen schon, dass Sie hier waren, aber eigentlich kann das nicht sein. Für das einfache Verfahren hätten Sie ein ganz anderes Formular wählen müssen.«

»Deswegen bin ich ja zu Ihnen gekommen – wenn das Formular falsch war, kann ich nicht viel dafür. Aber mal 'ne Frage: Warum wechseln Sie für die Abrechnung nicht einfach ins einfache Verfahren? Dann ist doch alles gut ...«

»Das geht gar nicht.«

»Wieso?«

»Das Verfahren können Sie nur pro Kalenderjahr wechseln, für Sie also erst wieder am 1. Januar 2011.«

»Und wieso?«

»Das ist so geregelt – da kann ich gar nichts machen. Sie müssen wohl oder übel die Unterlagen noch ausfüllen, die wir Ihnen zugesendet haben.«

»Das verstehe ich nicht – Sie wollen mir also erklären, dass das ein-fache Abrechnungsverfahren so kompliziert ist, dass Ihre eigenen Leute es nicht verstehen und dass ein Wechsel auch nicht möglich ist? Warum heißt es denn dann einfaches Verfahren?«

»Das ist eine gute Frage – ich kann Ihnen jedenfalls leider nicht hel-fen.«

»Eins kann ich Ihnen sagen, Herr Meier. Übermorgen gehen wir in die Ferien, davor kann ich gar nichts mehr ausfüllen. Die Frist fürs Einsen-den kann ich also nicht einhalten.«

»Kein Problem.«

»Wie, kein Problem? Ist das okay?«

»Ja, bis wann können Sie die Unterlagen denn einsenden?«

»Na, ungefähr bis in einem Monat.«

»Können Sie mir das schriftlich mitteilen?«

Die vier ????

Nr. 1: Wieso ist von einem einfachen Verfahren die Rede, wenn das Ausfüllen einer Lohndeklaration am Ende doch kompliziert und unübersichtlich ist?

Nr. 2: Wieso melden sich so viele Menschen am Arbeitsplatz einfach mit ihrem Namen, statt den Namen des Unternehmens oder in diesem Fall der Dienststelle anzugeben?

Nr. 3: Wieso sprechen am Telefon so viele Mitarbeiter von dem, was nicht geht, oder von dem, was nicht sein kann, anstatt von Lösungen?

Nr. 4: Warum werden so viele Kunden nach ihrer Nummer befragt, wenn sie mit einer Frage anrufen, obwohl sich kaum jemand als Nummer fühlen möchte?

So wäre es besser ...

Positive Sprache bewirkt am Telefon Wunder! Überlegen Sie sich, welche negativen Ausdrücke Sie konsequent durch positive, lösungsorientierte und überraschend gute Formulierungen ersetzen können.

- Sagen Sie »Mit Vergnügen« statt »Kein Problem«.
- Stellen Sie eine Frage, um die Angaben Ihres Kunden zu verstehen, statt abzuwinken mit »Das kann nicht sein!«.
- Fragen Sie nach der Adresse des Kunden und nicht nach der Bearbeitungsnummer. Wenn Sie doch nach einer Nummer fragen, weil so die Bearbeitung schneller erfolgen kann, nennen Sie Ihrem Kun-

den diesen Grund doch ganz einfach. Er wird sich freuen, wenn Sie ihm besonders zügig helfen wollen.

Auch auf der Website und im schriftlichen Kontakt könnte man mit Leichtigkeit positive Wirkung erzielen. Hier einige Beispiele aus der Praxis:

- Die Website einer Gemeinde bietet eine praktische Toolbar, wo Steuerzahler die unterschiedlichsten Formulare als PDF herunterladen und dann ausdrucken können, ausfüllen und verschicken – mit genauen Angaben an wen!
- Auf der digitalen Visitenkarte einer anderen Gemeinde entdeckt man persönliche Steckbriefe von den Mitarbeitern mit ihren Verantwortungsbereichen.
- Von einer Amtsstelle habe ich Prospektmaterial erhalten. Die für mich interessanten und wichtigen Seiten waren bereits mit einem Post-it auffällig markiert. So konnte ich mich in der Informationsflut leichter zurechtfinden.

Wunschkonzert!

Wie wäre es mit einer attraktiven Warteschleifenmusik? Ganz oft werden Kunden in die Warteschleife »weggedrückt«, ohne dass sie dann noch etwas hören. Oder es läuft klassische Musik oder irgendwelche Tonfolgen, die mit dem Unternehmen nichts zu tun haben und die völlig austauschbar und langweilig sind. Sorgen Sie dafür, dass bei Ihnen eine passende Musik, die CD eines Comedians oder ein Radiosender läuft.

Samstag

Ich hab's ja gewusst ...

Joe: »Warum musste ich nur mitgehen? Ich hätte noch einiges zu tun gehabt.«

Jeanette: »Ich hab mir schon gedacht, dass du das denkst.«

»Und ob! Hast du da noch Worte? Kannst du was von der Präsentation erkennen?«

»Nein.«

»Ein Overhead-Projektor für eine Präsentation vor 150 Leuten. Von Lehrern würde ich da mehr erwarten. Wie sollen die Schüler da lernen, wie man gut vor Leuten auftritt ...«

»Na ja, da erwartest du vielleicht zu viel von der Schule – was soll ich denn sagen! Hast du das Buffet gesehen?«

»Ja, warum?«

»Ich habe extra einen riesigen Zopf gebacken, weil alle Eltern ja gebeten wurden, etwas mitzubringen. Und jetzt – da steht ja Brot für 400 Leute! Hätte ich das gewusst, hätte ich ein Dessert mitgebracht.«

»Wann hättest du das denn machen wollen?«

»Ach, das wäre noch locker gegangen. Mal was anderes, Schatz: Das sind doch niemals Drittklässler da vorne, was denkst du?«

»Ach was, die Sprecherin hat einige Male schon Beiträge angekündigt, die dann gar nicht kamen. Worum geht's in den Beiträgen der Klasse denn genau?«

»Die Klassen präsentieren, was sie in dieser Projektwoche zum Thema Gewaltprävention gelernt haben. Spannend ist das ja schon ...«

»Kannst du mir sagen, warum der Hausmeister immer wieder das Mikrofon testet?«

»Aber nein, Joe: Das ist der stellvertretende Rektor.«

»Jetzt nimmst du mich auf den Arm – mit Jeans und Hawaiihemd steht der vor 150 Eltern auf der Bühne?!«

»So sieht's aus. Ich wundere mich ja immer wieder über den Spickzettel, den er für die paar Sätze braucht: ›Herzlich willkommen, liebe Eltern und Verwandte, zum heutigen Projektabschluss. Ich übergebe gleich an die erste Klasse mit einem Einstiegslied.‹«

»Wann erklären sie uns denn nun, wie wir uns als Eltern verhalten sollen, wenn die Kinder streiten. Bin ja mal gespannt ...«

»Na ja, ein bisschen offen müssen wir schon sein für Tipps.«

»Mich ärgert es einfach, dass die ganze Veranstaltung so schwach organisiert ist. Müssen wir denn bis zum Essen bleiben?«

»Müssen, müssen. Man muss gar nichts. Aber wir haben ja uns noch mit Familie Cantaluppi verabredet. Weißt du noch? Das sind die netten Eltern, die wir am Schulfest letztes Jahr kennen lernten. Ihr Sohn trifft sich immer wieder mal mit Matteo. Er war auch schon bei uns zu Hause, wie heißt er noch ... ach ja! Benni.«

»Mamma mia. Um halb eins verschwinden wir aber ...«

»Ja. Spätestens.«

Die vier ????

Nr. 1: Warum sind ausgerechnet Präsentationen, die an Schulfesten oder Elternversammlungen gehalten werden, so zähflüssig, unattraktiv und langwierig? Lehrer und Schulleiter sollten doch wissen, wie man vor Leuten spricht.

Nr. 2: Warum finden solche Anlässe immer in Turnhallen statt? Turnhallen sind dafür immer zu groß, die Akustik ist schlecht und Leinwand und Overhead-Projektor geben dann ein besonders jämmerliches Bild ab.

Nr. 3: Wieso treten Lehrer nicht als Team auf? Immerhin sind sie als Kollektiv für eine Klasse und einen Anlass verantwortlich.

Nr. 4: Wieso können Informationen nicht strukturierter präsentiert werden, und wieso verbleiben Lehrer oft so unverbindlich? Gerade sie sollten doch den Kindern klare Aufträge übergeben können.

Präsentationen mit mehr Pep

- Teilnehmer sind während einer Präsentation gern gut über den Ablauf informiert. Visualisieren Sie den Ablauf einer Veranstaltung gut sichtbar, so können sich alle immer wieder orientieren.
- Wenn Sie bei Ihrem Auftritt einen Spickzettel nutzen, tun Sie dies offensichtlich, denn verstecken können Sie dies nicht. Seit Thomas Gottschalk oder Günther Jauch ebenfalls mit Moderationskarten in der Hand durch die Sendung führen, ist der Einsatz von Hilfskarten einwandfrei erlaubt.
- Machen Sie sich Gedanken, wer wann bei einer Schulpräsentation auf der Bühne steht, denn dies prägt den Eindruck sehr. Wenn Sie beispielsweise als Team präsentieren, sollten diejenigen, die gerade nicht aktiv sind, eher seitlich abwarten, als auf der Bühne als Störkörper herumzustehen. Hingegen ist es toll, wenn Sie alle Teilnehmer an einer Präsentation zu Beginn vorstellen oder zum Abschluss als Team nochmals auf die Bühne bitten.

Wunschkonzert!

One-way-Präsentationen gehören bald endgültig der Vergangenheit an. Fragen Sie sich konsequent, wo und wie sie mit den Zuhörern einen Dialog führen können. Denn kaum ein Präsentationspublikum will nur noch zum Stillsitzen und Zuschauen verdammt sein.

Samstagnachmittag, 14:23 Uhr

Menschenbeförderer

Wenn sich ein Mensch für uns hinters Lenkrad begibt, um uns von A nach B zu befördern, handelt es sich nur selten um den eigenen Chauffeur. »Harry, fahr doch mal den Wagen vor« gibt es nur bei Derrick. Otto Normalverbraucher oder Herr und Frau Schweizer haben eher mit Taxi- und Busfahrern zu tun, die uns Menschen befördern. Davon merkt man aber oft nichts. Oder sollte ich schreiben: davon merkt Mann (also der, der am Steuer sitzt) aber häufig nichts. Dessen Fahrkünste sind oft so unangemessen auf Verkehrssituation, Geschwindigkeit und eben uns Menschen angepasst, dass bestimmt jeder von Ihnen schon eine haarsträubende Geschichte zu erzählen weiß.

Auch heute, für unseren Transfer an den Flughafen, sind wir auf »fremde Beförderungsmittel« angewiesen. Aus Zeitgründen haben wir uns diesmal auf dem Hinweg für einen Taxidienst entschieden. Der Rückweg funktioniert dann wieder wunderbar mit der Bahn. Pünktlich, wie bestellt, steht das genügend große Fahrzeug vor unserer Wohnung. Der Taxichauffeur grüßt beiläufig und macht kaum Anstalten, uns beim

schweren Gepäck zur Hand zu gehen. Beim Stapeln unserer Gepäckstücke lässt er nicht besonders viel Feingefühl walten.

Da kommt mir die Geschichte in den Sinn, als ich mit meinem Chef in Hamburg unterwegs war und wir für einen rund einstündigen Transfer ein Taxi nahmen. Der Taxifahrer, der uns am Flughafen lustlos begrüßte, fragte unmotiviert, wie viele Gepäckstücke wir denn hätten. Als wir »überraschenderweise« mit je einem Koffer unterwegs waren, hingen seine Mundwinkel noch tiefer. »Das wird knapp«, sagte er mürrisch und öffnete seinen Kofferraum, der mit privaten Sachen überfüllt war. Mit viel Schwung und noch mehr Muskelkraft quetschte er unsere Koffer mit teilweise fragilem Präsentationsmaterial in den zu kleinen freien Raum. Den Deckel schloss er ohne Rücksicht auf Verluste. »Einer steigt vorne, der andere hinten ein!«, drangen seine Worte befehlend zu unseren Ohren vor. Wir blickten uns fassungslos an, um dann im nächsten Moment fast gleichzeitig zu entgegnen: »Nein, danke! Unsere Koffer steigen wieder aus. Wir nehmen ein anderes Taxi!«

Ähnlich mies ist mir ein »Flug« über Lissabon in Erinnerung. »We handle – you fly« steht dort auf den Transferbussen der Groundforce geschrieben. Das ist wirklich ein Versprechen: denn Sie und Ihr Handgepäck »fliegen« tatsächlich, bevor Sie wirklich abheben. Mit einem Ruck setzt sich der Bus in Bewegung. Die Fahrgäste halten sich im letzten Moment an Stangen und Schlaufen fest. Im nächsten Augenblick missachtet ein anderes Flughafenfahrzeug die Vorfahrt, sodass der Chauffeur überhastet auf die Bremse tritt. Die Fliehkraft bringt Passagiere und Gepäck mit viel Schwung in andere Positionen. Ungeachtet dessen geht die zügige Fahrt weiter. Der Bus überholt an einer unübersichtlichen Stelle einen Gepäcktransporter mit zwei Anhängern. Der Hintere schlingert hin und her und nähert sich bei der Rechtsbewegung gefährlich unserem Vehikel. Den Fahrgästen steht der Schrecken ins Gesicht geschrieben. Doch die Horrorfahrt ist noch nicht vorbei! Da der Busfahrer versehentlich von der falschen Seite ans Flugzeug fährt, gibt es noch eine Ehrenrunde! Inklusive Schieflage der »Insassen und Instehern«, die froh sind, den Bus danach heil verlassen zu können. Ohne Angst vor einer noch folgenden möglichen Notlandung des Flugzeuges, welche wohl kaum schlimmere Szenen nach sich ziehen würde.

Zum Glück erleben wir bei der relativ kurzen Fahrt an den Flughafen keine solch haarsträubende Geschichte. Das einzige Vergehen unseres Chauffeurs ist, dass er deutlich schneller fährt als erlaubt. Doch sind die Taxifahrer bei diesem Vergehen im Vorteil, denn sie kennen ja die Position der Radarfallen. Allerdings hält sich die Raserei in Grenzen und wir erreichen den Flughafen in bester Stimmung.

Die vier ????

Nr. 1: Warum gibt es immer noch Taxis, in denen geraucht werden darf?

Nr. 2: Wieso gibt es unter den Taxichauffeuren kaum noch wahre Gentlemen? Das höfliche und hilfsbereite Türaufhalten ist vom Aussterben bedroht!

Nr. 3: Warum gibt es immer noch Taxifahrer, die kurze Fahrten ablehnen? Das ist grob imageschädigend und an den meisten Orten doch sogar verboten? Wie soll man sich als abgelehnter Fahrgast verhalten?

Nr. 4: Obwohl alle Fahrgäste im Bus mitbekommen, dass noch eine Person zur Bushaltestelle eilt, scheint dies der Busfahrer als einziger nicht zu realisieren. Warum beschränkt sich dessen Aufmerksamkeit lediglich auf den nach vorne gerichteten Blickwinkel?

Erinnerungswürdige Reiseerlebnisse von Joe Friedmann

Für die Heimreise zurück aus Berlin nehme ich in der Regel die Busverbindung X9 an den Flughafen. Von außen wirkt der Bus wie einer dieser sterilen Airport-Shuttles, welcher mich möglichst bequem und rasch zum Flughafen bringen soll. Doch die inneren Werte wissen zu überzeugen. Der Busfahrer erweist sich als überaus motivierter Begleiter zum Flughafen. Kurz vor dem Eintreffen meldet sich die sympathische Stimme, bedankt sich fürs Mitfahren und wünscht allen eine angenehme Weiterreise. Unglaublich, was diese kleine Ansage im Bus auslöst: Ich beobachte, wie bei den meisten der Fahrgäste die Mundwinkel nach oben gehen. Eine Dame verabschiedet sich persönlich beim Chauffeur und bedankt sich für die sehr angenehme Fahrweise durch die Berliner City. Und zaubert so ein Lächeln auf sein Gesicht.

In Mexico City kommt man nicht nur in den Genuss von abenteuerlichen Taxi- und Busfahrten durch die Millionenstadt, sondern auch in nostalgische Gefühle, wenn man in einem altehrwürdigen VW Käfer Platz nehmen darf. Beim Transfer vom Hotel zur Autovermietung nahmen wir bei einem richtigen mexikanisch anmutenden Taxifahrer Platz. Bis auf den fehlenden Sombrero entsprach er gänzlich den Vorstellungen eines waschechten Mexikaners. Sein Englisch war erwartungsgemäß gerade noch verständlich. Unterwegs erzählte er uns spannende Begebenheiten und Hintergründe zu Straßennamen und Monumenten, die wir passierten. Als ich ihn nach Tipps fürs Fahren in Mexiko City fragte, meinte er nur: »You know, you only need three skills to survive driving in Mexico City: very good brakes, a loud horn and Jesus Christ!« Dann lachte er laut heraus. Ganz unrecht hatte der Mann nicht. Und zum Glück gab er uns am Ende einen Tipp, wo wir eine hilfreiche Straßenkarte kaufen konnten.

Auf dem Rückweg von Puebla an den Flughafen von Mexiko City waren wir mitten in einen Verkehrsstau geraten. Dank schlecht angeschriebener Verkehrswege verirrten wir uns und landeten in einer völlig falschen Ecke der Stadt. Den Flug für die Weiterreise sahen wir schon ohne uns abheben. Da erblickte ich ein Taxi am Straßenrand. Das Vorzeigen der Flugtickets, der gestresste Blick auf die Uhr und meine paar Brocken Spanisch reichten aus, den Taxifahrer zu überzeugen, uns auf dem schnellsten Weg zum Flughafen zu lotsen. Speedy Gonzales lenkte sein Taxi vor uns durch den Berufsverkehr, schlängelte sich durch VW-Käfer-Kolonnen und nahm Abkürzungen und Schleichwege – immer mit einem Blick in den Rückspiegel. Gerade noch rechtzeitig erreichten wir den Flughafen – so zufrieden und erleichtert, dass Mister Taxidriver sich ein großzügiges Trinkgeld verdient hatte.

Wunschkonzert

Niemand ist so ortskundig und informiert wie ein Taxifahrer. Wunderbar wäre doch, wenn er die Fahrgäste an seinen Insider-Kenntnissen eines Reiseziels teilnehmen ließe.

Pflicht oder Kür?

Einmal waren Jeanette und ich in der Karibik, damals noch ohne Kinder. Genau genommen war Matteo schon unterwegs, doch bei Reiseantritt wussten wir dies noch nicht. Die Reise war einfach genial. Wir haben schon oft darüber gesprochen, endlich wieder eine ähnliche Reise zu unternehmen. Doch mit Kindern sieht die Welt anders aus und neben der Vorfreude auf die schönen Strände kommen uns eben auch immer eine Menge Bedenken in den Sinn.

An einige kleine Erlebnisse erinnere ich mich noch so gut, als wären wir erst letztes Jahr auf den Bahamas gewesen. Nach einigen Tagen in Miami Beach landeten wir in Nassau, noch ohne die Tickets für die Weiterreise. Diese sollten bei einem lokalen Reiseveranstalter deponiert sein. Unsere Suche in der Ankunftshalle blieb erfolglos. Niemand wusste etwas von diesem »renommierten« Veranstalter. Doch dann, meine Ohren hätten es nicht gehört, vernahm meine Frau Rufe, die uns galten. Irgendwo in dieser großen Flughafenhalle rief jemand unseren Namen. »Friiiedmähn! – Friiiiiedmäääähn ...!« Nach weiteren fünf Minuten sahen wir ihn dann endlich, den Reiseveranstalter: ein schmächtiger, leicht gekrümmter, bärtiger, aber lächelnder alter Mann rief ohne jedes Schild so laut er konnte unseren Namen. Und händigte uns die Tickets zum Weiterflug nach Long Island aus. Der Weg zum Gate dieses Fluges bescherte uns das nächste Aha-Erlebnis. Wir näherten uns gerade der Personenkontrolle, als wir eine ganze Gruppe von Menschen hörten, die lauthals lachten. Kennen Sie das? Sie hören ein so fulminantes, herzliches und

anssteckendes Lachen, dass sie selbst mitlachen. Wir kamen dem Gelächter näher und näher und trauten unseren Augen kaum: An der Sicherheitskontrolle warteten, notabene lachend, einige Passagiere, weil ein knappes Dutzend uniformierte Sicherheitsmitarbeiter brüllend vor Lachen teils saß, sich teils an den Kabinen festhielt oder sogar auf dem Boden lag!

Genau diese Szene kommt Jeanette und mir jedes Mal in den Sinn, wenn wir an einem Flughafen die Sicherheitskontrolle erreichen. Klar, an den meisten Flughäfen Europas haben die Sicherheitsspezialisten deutlich mehr zu tun als am »Domestic-Terminal« auf den Bahamas. Auch klar, die gleiche Stimmung erwartet niemand. Aber muss es denn derart humorlos und nach Vorschrift zugehen wie in unserem europäischen Sicherheits-Check-Alltag? Okay, Fairness ist wichtig. In Deutschland fliege ich geschäftlich immer wieder mal nach Mün-

chen, Frankfurt und Hamburg, und im Süden sowie im Norden der Republik lässt die Freundlichkeit am Sicherheits-Checkpoint fast nie zu wünschen übrig.

So ist es erfreulicherweise auch an diesem Samstag in Zürich. Trotz Abreisewelle und einem – gemäß Zeitungsberichten – Top-Ten-Tag, was die meisten Abflüge im Jahr angeht, sind die Warteschlangen noch erträglich und die Stimmung auch. Genervt sind eher die Passagiere als die Mitarbeiter – auch das gibt es.

Im Flieger selbst geht es genauso unspektakulär weiter. Wir haben uns schon bei der Buchung für vier Plätze nebeneinander in der letzten Reihe dieses Fliegers entschieden. Matteo sitzt am Fenster, neben ihm Laura, am Gang Jeanette und über den Gang hinüber sitze ich selbst. Beinfreiheit heißt meine Maxime beim Fliegen. Matteos wichtigster Wunsch heißt »Rausgucken«. Laura und Jeanette spielen meistens ein Kartenspiel, wofür es sehr hilfreich ist, wenn sie nebeneinander sitzen. So haben wir fast alles, was uns wichtig ist. Fast alles, denn ein paar Wünsche bleiben unerfüllt, wie praktisch immer beim Fliegen als Familie – egal bei welcher Airline.

Es ist ja cool, wenn eine Airline Currywurst anbietet (diese habe ich in Deutschland kennen und schätzen gelernt). Doch regelmäßig ist sie aus – so auch heute. »Leider gab es zu viele Bestellungen in den vorderen Reihen.« Diese Begründung wirkt auf mich in keiner Weise befriedigend – eher schon einfach so dahergesagt. Anstatt der beiden Currywürste für Matteo und mich entscheiden wir uns für das Schinkensandwich – doch das ist auch aus. Käsesandwich oder Käsesandwich – so heißt die Wahl für die Passagiere in der letzten Reihe. »Bei uns sitzen Sie in der letzten Reihe.« Klingt nicht gerade gut, dieser Slogan, doch heute trifft er einmal mehr zu.

Da kommen doch gleich wieder die Erinnerungen an unsere Familienflüge auf, als die Kinder noch klein waren. Für Familien ist es oft ein richtiges Highlight, wenn sie mit dem Flugzeug reisen. Das sehen Fluggesellschaften jedoch anders, ganz egal welche. Alleinreisenden Müttern schaut die Mehrheit der Mitarbeiter in der Regel interessiert zu, wie sie Kind, Wickeltasche, Handtasche und Kinderwagen ins Flugzeug bringen. So richtig anpacken (in anderen Worten: helfen) ist nicht vorgesehen.

Die gröbste Ignoranz als Familie erlebte meine Frau einmal, als Laura ungefähr eineinhalb Jahre alt war. Sie reisten zu einer guten Freundin, die in Portugal lebt, und Jeanette bestellte für Laura das Kindermenü.

»Wir haben heute kein Kindermenü an Bord«, war die trockene Antwort.

»Warum denn nicht? Ich habe ja mehrere Kinder gesehen«, entgegnete meine Frau.

»Das kann ich Ihnen auch nicht genau sagen.«

Wow ... so viel Information hatte sie wohl nicht erwartet. Also fragte sie nach einem Käsesandwich, nur um zu erfahren, dass für das Kind keins eingeplant sei, da es ja nichts zahle und auf dem Schoss der Mutter sitze. Ausgerechnet auf diesem Flug sei zu wenig Verpflegung an Bord. Gut, dass Jeanette – wie immer – Cracker und Früchte mitgenommen hatte. Dazu gab es dann doch noch ein Sandwich. Es war jenes der Sitznachbarin, die ihres nur bestellt hatte, um es dann an Jeanette und Laura weiterzugeben.

Mit welcher Detailliebe Fluggesellschaften sich um kleine Fluggäste kümmern, sieht man an den Geschenken. Ich weiß, eigentlich schaut man »einem geschenkten Gaul ja nicht ins Maul«, aber wie kann es sein, dass eine Fluggesellschaft Malstifte, Plüschflugzeuge und 6-Teile-Puzzles in riesigen Mengen herstellt und diese dann jahre-, wenn nicht jahrzehntelang verteilt. Klar, die anderen machen es auch nicht besser, sondern genau gleich. Doch genau da läge doch eine große Chance! Gründe für diesen Einheitsbrei kann es nur zwei geben: Entweder fehlt die Fähigkeit zur Innovation oder der Wille, sich auf das Segment Kinder und Familien einzustellen.

Ich verschone Sie mit weiteren Unzulänglichkeiten, denn vielleicht nehme ich diese ja besonders stark wahr, weil ich selbst im Kundendienst arbeite. Doch halt, eigentlich glaube ich das nicht. Ich glaube eher, es gibt mehr Passagiere, die sich die folgenden Fragen stellen.

Die vier ????

Nr. 1: Warum werden Kindern, die ab dem 3. Lebensjahr oft nahezu den gleichen Preis wie Erwachsene zahlen, keine Meilen gutgeschrieben?

Nr. 2: Warum führt die Besatzung nicht einfach einen simplen Wettbewerb durch, an dem alle Kinder oder Jugendlichen teilnehmen dürfen? Schon wäre für Spannung und Unterhaltung gesorgt. Schließlich laufen die Crew-Teammitglieder ja oft genug auf und ab, da sollte es kein Problem sein, eine Schätzfrage oder ähnliches zu verteilen. An Fragen oder einfachen Gewinnen dürfte es ja wohl nicht mangeln.

Nr. 3: Um mein Handgepäck besonders gut zu organisieren, habe ich mir einen speziellen Koffer gekauft. Auf dessen Außenboden ist ein herrlicher Aufkleber befestigt: »This bag is especially designed for overhead compartment storage.« Dennoch werde ich von den Reisebegleitern regelmäßig angepfiffen, dass ich diesen Koffer wohl besser aufgegeben hätte. Warum? Weil er eben nicht ins »overhead compartment« passt. Wann werden Flugzeuge mit zu wenig Platz für normales Handgepäck der Passagiere endlich ausgemustert?

Nr. 4: »Herzlich willkommen in Zürich. Bleiben Sie bitte angeschnallt sitzen, bis wir die endgültige Parking-Position erreicht haben ...« und so weiter und so fort. Im Schlaf kann ich die Worte der Crew kurz nach der Landung aufsagen – allerdings würde ich sie selbst im Schlaf noch besser betonen. Wer hat eigentlich verboten, dass die oder der Maître de Cabine die Fluggäste in eigenen, sympathischen Worten am neuen Flughafen begrüßt?

Humor, Lachen und Sympathie sind erlaubt

Es wäre einfach, jetzt Tipps zu geben oder Forderungen zu stellen, was eine Fluggesellschaft am Telefon, im Internet, am Boden oder in der Luft bieten soll. Genau so einfach wird jedoch wohl auch die Antwort der Fluggesellschaften sein: bei den heutigen Preisen unbezahlbar – können wir uns nicht leisten.

Deshalb geben wir Ihnen lieber Beispiele für eine Art Service, die jedes Unternehmen bieten kann: nämlich für einen humorvollen, persönlichen und überraschend sympathischen Service. Einen Service, den andere dann auch nicht so schnell kopieren können.

- Ein Pilot mit englischem Akzent verabschiedet seine Fluggäste mit einer gut gelaunten Ansage. »Liebe Fluggäste, vielen Dank, dass ich Sie sicher nach Zürich fliegen konnte. Ein Dank geht auch an meine charmante und hilfsbereite Bordcrew, die Ihnen den Flug versüßt hat. Bereits vor dem Erreichen der endgültigen Flughöhe erzählte mir die Maître de Cabine, dass wir außergewöhnlich nette Fluggäste an Bord hätten. Wir wünschen denjenigen, die weiterfliegen, eine gute Weiterreise und den Heimkehrenden ein gutes Ankommen zu Hause! Take care.«
- Nachdem auf einem Flug von München nach Berlin die Reiseflughöhe erreicht war, kam eine Durchsage vom Kapitän: »Sehr geehrte Damen und Herren, wenn sie rechts aus dem Fenster sehen und nicht gerade kurzsichtig sind, haben Sie einen tollen Blick auf einen Airbus 320, auch wenn er von der Konkurrenz ist. Wie Sie sehen, ist unser Flug nach Berlin heute Abend nicht besonders gut gebucht. Sie haben daher die freie Sitzwahl. Wir bitten Sie, einen Fensterplatz einzunehmen, damit die Konkurrenz denkt, wir wären ausgebucht.«
- Auf dem Rückflug von Amsterdam nach München: Der Flughafen dort hatte insgesamt fünf Startbahnen. Unserer Maschine wurde diejenige zugewiesen, die am weitesten vom Terminal entfernt war. Es dauerte rund 20 Minuten, bis wir an der Startposition waren. Auf dem Weg dorthin meinte der Pilot trocken: »Haben Sie noch ein wenig Geduld, meine Damen und Herren. Wenn wir in fünf Minuten noch nicht an der Startposition sind, fliegen wir den Rest der Strecke.«

- Nach der Landung in München, die Maschine aus Hamburg steht noch auf dem Vorfeld. Da meldet sich der Pilot und sagt: »Meine Damen und Herren, ich muss mich für die Verzögerung entschuldigen, aber es regnet seit 25 Jahren zum ersten Mal in München und das stellt das Bodenpersonal vor schier unlösbare Probleme.«
- Nach der Landung in Palma de Mallorca blieb das Flugzeug in der Parkposition stehen und nichts passierte. Dann kam eine Durchsage des Piloten: »Tja, meine lieben Gäste, wie jeden Tag sind wir wieder völlig überraschend in Palma gelandet, sodass uns so schnell gar keine Treppen zur Verfügung stehen. Sie müssen sich mit dem Aussteigen also noch ein Weilchen gedulden.«
- Am Abend des Orkans Kyrill ist ein Flug nach Köln/Bonn unterwegs. Bei der Landung setzte die Maschine hart auf der Landebahn auf. In der Parkposition angekommen, geschah zunächst gar nichts. Bis die Stewardess sich meldete: »Liebe Passagiere, der Tower hat offenbar nicht geglaubt, dass wir es wirklich wagen zu landen. Bitte haben Sie noch ein paar Minuten Geduld bis zum Ausstieg, man organisiert jetzt Gangway und Busse.«
- Flug von Leipzig nach Köln/Bonn, relativ kleine Maschine und ausschließlich sehr ernste und konzentrierte Geschäftsreisende. Nach der Landung erklang folgende Ansage des Co-Piloten: »Da unsere Piloten deutlich besser fliegen als fahren, bitten wir Sie, so lange angeschnallt zu bleiben, bis die Maschine die endgültige Parkposition erreicht hat.«
- Im Landeanflug auf Mallorca in dunkler Nacht und vollständigem Nebel. Plötzlich macht die Maschine einen kurzen Ruck. Sofort fingen fast alle Passagiere an zu klatschen, weil sie dachten, sie seien nun sicher gelandet. Doch dann erklang die Stimme des Kapitäns: »Vielen Dank für Ihren Beifall. Aber es ist relativ normal, dass wir vor der Landung das Fahrgestell ausfahren.«

Wunschkonzert!

Seit einiger Zeit erwarten Fluggesellschaften ja von ihren Fluggästen, dass sie sich selbst einchecken. Das ist soweit noch akzeptabel, denn die Airlines sparen besser an dieser Stelle als an der Sicherheit. Nicht akzeptabel ist es dann jedoch, dass die Warteschlange beim Abgeben des Gepäcks oft länger ist als die früher vor dem Check-in. An dieser Stelle sollten ganz einfach genügend Schalter mit fröhlichen Mitarbeitern besetzt sein – so einfach lautet der Wunsch im Wunschkonzert.

3 We want more

»We can't get no satisfaction!«

»Wohin ist sie nur gegangen? Gestern war sie doch noch da. Okay, eigentlich nur ganz kurz – und heute wieder weg! Gut, es hatte sich in den letzten Wochen, vielleicht auch Monate schon abgezeichnet. Aber dass es nun so weit kommen musste ... Na egal, dann stehe ich heute halt einmal mehr unmotiviert im Laden und warte, bis es endlich Feierabend wird. So wie es viele andere auch tun. Mein Boss könnte ja auch mal was tun, damit wir hier mehr Spaß haben. So what!«

Viele Menschen bewegen sich wirklich mehr bemitleidenswert als begeistert innerhalb ihrer Arbeitswelt – also auf ihrer Bühne (siehe Soundcheck). Wo sie doch die Möglichkeit hätten, ihr Publikum zu verzaubern. Pflichterfüller statt Kürerbringer – und das ist sehr, sehr schade. Was führt überhaupt dazu, dass sich Menschen so unterschiedlich motiviert verhalten, wenn es darum geht, Kunden mit einem Leuchten in den Augen und einem Lächeln auf den Lippen zu begegnen? Klären wir doch zuerst einmal den Begriff der Motivation. Was bedeutet Motivation? Das sagt zum Beispiel Wikipedia dazu:
Motivation (von lat. motus, »Bewegung«) bezeichnet in den Humanwissenschaften sowie in der Ethologie einen Zustand des Organismus, der die Richtung und die Energetisierung des aktuellen Verhaltens beeinflusst. Mit der Richtung des Verhaltens ist insbesondere die Ausrichtung auf Ziele gemeint. Energetisierung bezeichnet psychische Kräfte, die das Verhalten antreiben. Ein Synonym von Motivation ist »Verhaltensbereitschaft«.
Genauso kompliziert scheinen es viele Zeitgenossen zu halten mit der Motivation. Dabei geht es vor allem um den inneren Antrieb, etwas zu tun. Dieses Tun soll natürlich zielorientiert sein – das ist hilfreich,

um etwas zu erreichen oder zu bewirken (erst recht bei anderen Menschen). So führen der innere Antrieb, das eigene Verhalten, ein klares Ziel und die dadurch freigesetzten Energien zu einem rar gewordenen Gut: der Motivation. Uns führt dies zunächst zum ersten der drei Erfolgsfaktoren der Kundenverblüffung, die wir Ihnen in diesem Kapitel vorstellen wollen: der Einstellung.

Gehen wir einmal davon aus, dass Sie für sich Kundenverblüffung auf der Ebene der eigenen *Einstellung* als Ziel definieren. Je nachdem, in welcher Funktion und mit welchen Aufgaben und Kompetenzen Sie ausgestattet sind, richten Sie sich in Ihrem beruflichen Umfeld optimal nach dieser Zielsetzung aus: Das ist dann die *Aufstellung*. Gemeint ist: Wer gehört zum Team? Wer verblüfft außer Ihnen? Wer hilft mit, Kundenverblüffung zu leben? Die Aufstellung ist direkt von den weiteren »Bandmitgliedern« und von der »Crew« abhängig. Wenn Ihre Kollegen Ihre Einstellung teilen, ergibt dies eine erfolgversprechende Aufstellung. Dann fehlt nur noch der dritte Erfolgsfaktor: die *Bereitstellung*.

Die Einstellung

Die Einstellung eines Menschen lässt sich tagtäglich bei der Arbeit beobachten. Wie nimmt er einen Auftrag entgegen, und wie setzt er ihn um? Wie geht er mit seinen Kompetenzen um? Wie setzt er sich mit Herausforderungen und kniffligen Situationen auseinander? Wie kommuniziert er mit seinen Kollegen und den Kunden?

Was wirkt sich hinderlich auf die richtige Einstellung aus? Wir Menschen neigen dazu, uns in eingespielten und bequemen Mustern des Alltages zu bewegen. Ein häufiger Grund für eher passives Verhalten ist, möglichst nicht den Bereich der eigenen Komfortzone verlassen zu wollen. Aber auch gesellschaftliche Normen und Gruppendynamik können die perfekte Einstellung für Kundenverblüffung verhindern. Oft denken Mitarbeiter, dass das sogenannte branchenübliche Vorgehen reicht. Alle machen alles gleich und halten so die Tretmühlen der Lethargie und Behäbigkeit am Laufen. Ein »gutes Beispiel« hierfür ist die Korrespondenz von Unternehmen: Vor einigen Jahrzehnten wurden Briefe noch in einer sehr speziellen Art und Weise formuliert – Floskeln waren üblich und diese geschriebene Sprache war allerorts etabliert. Längst schreiben wir heute jedoch so, wie man spricht. Und dennoch: Immer noch kreuzen sich bei Mahnungen Schreiben, die zum Beispiel »als gegenstandslos betrachtet« werden sollen. Immer noch sind in manchen Briefen Füllwörter wie »beiliegend« zahlreicher als Sie-Formulierungen. Warum? Weil viele Mitarbeiter glauben, das sei schon gut so – schließlich hat man das immer schon so gemacht.

Ganz schwierig wird es mit der richtigen Einstellung zur Kundenverblüffung, wenn bei den Mitarbeitern Anzeichen von Gleichgültigkeit und Resignation zu erkennen sind. Wenn die Gefahr besteht, dass diese Menschen kurz vor dem geistigen Check-out stehen, ist es nicht nur generell allerhöchste Zeit zu handeln. Nein, auch um Kundenverblüffung erfolgreich zu leben, sind nachhaltige Maßnahmen bezüglich Arbeitsatmosphäre und Motivation nötig.

Wenn Sie also weiterhin alles so anpacken, wie alle anderen, wenn Sie sich wie immer verhalten und wenn es Ihnen schwerfällt, neue und innovative Dinge auszuprobieren – dann wird Ihre Einstellung kaum eine neue Richtung einschlagen können. Denn von alleine tut sie es bestimmt nicht. Das ist nur eine kleine Warnung. Bei jedem Menschen gibt es einen inneren Alarmknopf. Finden Sie ihn und lösen Sie ihn aus – bevor er einrostet und seine Funktion aufgibt.

Zur Erinnerung: Ihr Ziel ist die Kundenverblüffung. Einige haben mutiges und innovatives Handeln von Geburt an im Blut – Naturtalente sozusagen. Andere Menschen, weniger gut ausgestattet, können das gleiche Ziel ebenfalls sehr wohl erreichen: jedoch nur mit der richtigen, bewussten und gezielten Einstellung.

Auf die richtige Einstellung achten

Kundenverblüffung ist umso erfolgreicher, desto mehr sie im Alltag von möglichst vielen Teammitgliedern gelebt wird. Achten Sie deshalb als Führungskraft schon beim Bewerbungsgespräch auf die Einstellung neuer Mitarbeiter. Falls Sie Menschen auswählen, die mit dem Thema Kundenverblüffung nichts anfangen können und sich auch nicht begeistern lassen wollen, wird die Umsetzung nachher sicher schwerfallen.

Übernehmen Sie einige der folgenden Fragen, um Bewerber und Bewerberinnen auf ihr Kundenverblüffungspotenzial hin zu durchleuchten:

- Warum wollen Sie gerade in unserem Unternehmen arbeiten?
- Was macht Ihnen am meisten Spaß?
- Welche Fußspuren haben Sie in Ihrer letzten Funktion hinterlassen?
- Welche Stelle hat Sie bisher am meisten begeistert?
- Was ist für Sie Voraussetzung für ein gutes Arbeitsklima?
- Was stellen Sie sich unter dem Begriff Kundenverblüffung vor?
- Wann waren Sie als Kunde/Kundin zum letzten Mal so richtig begeistert?

Messbare und realistische Ziele setzen

Arbeiten Sie klug, nicht einfach nur hart: Setzen Sie sich vor allem zu Beginn realistische Ziele: Besteigen Sie also sinngemäß zuerst die Rigi (ca. 1.800 Meter), erst später die Eigernordwand (ca. 3.970 Meter). So könnten Zielsetzungen lauten:

- Jedes Teammitglied verblüfft pro Woche zwei Kunden.
- Als Team verblüffen wir pro Woche fünf Kunden.
- Pro Monat streben wir zehn Rückmeldungen von begeisterten Kunden an.

- Jedes Quartal führen wir eine neue Kundenverblüffung ein oder wir ersetzen eine bestehende Kundenverblüffung durch eine neue.

Rückenwind durch Teamgeist

Neben der Motivation der einzelnen Teammitglieder hat der Teamgeist in Ihrem Unternehmen natürlich großen Einfluss auf die Einstellung zur Kundenverblüffung. Denn es ist wie bei vielen Themen oder Projekten: Wenn kaum von etwas die Rede ist, geht es ein wie eine Pflanze ohne Wasser. Dabei gibt es so viele alltägliche Chancen, um einen positiven Teamgeist zu schaffen – hier nur einige davon:

- Stellen Sie Kundenverblüffungsbeispiele an Teammeetings vor.
- Belohnen Sie durch Übergabe interessanter Aufgaben.
- Lassen Sie Ihre Mitarbeiter Kundenrückmeldungen selbst vorstellen, beispielsweise beim Geschäftsleitungsmeeting.
- Sprechen Sie persönlichen Dank aus für das Umsetzen von Kundenverblüffung.
- Thematisieren Sie Kundenverblüffung in Meetings und in Mitarbeitergesprächen, und geben Sie konstruktives Feedback.
- Stellen Sie als Belohnung einen Monat lang den besten Parkplatz für Ihre Teammitglieder zur Verfügung, wenn die gesetzten Kundenverblüffungsziele erreicht werden.

Ich erinnere mich an ein Beispiel aus meiner beruflichen Vergangenheit, als mir meine »vorgesetzte Stelle« eine Aufgabe übertrug, für deren Umsetzung ich mich nicht befähigt fühlte. Als ich nachfragte, wurde mir lapidar entgegnet, dass meine Funktion auch Aufgabenfelder beinhalte, mit welchen ich mich nicht unbedingt anfreunden müsse. Dies konnte ich teilweise noch nachvollziehen – also ging ich ans Werk. Allerdings ohne Begeisterung und ohne Überzeugung.

Meine Kunden hielten mir den Spiegel dann sehr schnell vor und zweifelten an meinen Fähigkeiten und Kompetenzen. Es gab Verlierer auf beiden Seiten. Dieses Schlüsselerlebnis zeigt mir seither klar auf, wie bedeutend die richtige Einstellung für den Erfolg ist.

Wie werden Sie vorgehen, um Kundenverblüffung einzuführen? Lassen Sie uns ein paar Seiten zurückblättern ... bis zur Welt der »Gastlich- oder Garstigkeit« (Kapitel 2, Donnerstag). Stellen Sie sich vor, Sie arbeiten in einem Restaurant und bedienen tagaus und tagein Gäste. Sie sind also in erster Linie ein Wohlfühlmanager. Sie erkennen vielleicht, dass viele der in dieser Geschichte aufgeführten Floskeln sich auch bei Ihnen eingebürgert haben. Ihre *Reise auf die Rigi* beginnt also ganz einfach mit dem Weglassen dieser Formulierungen und der konsequenten Anwendung der Vorschläge oder Ihrer neuen eigenen und sympathischen Wortkreationen.

Das funktioniert zum Beispiel so: Sie bemerken gerade, dass Sie bei dem romantischen Pärchen am Ecktisch schon längst die leeren Teller hätten abräumen sollen, als dort fast gleichzeitig die Kerze ausgeht. Sofort begeben Sie sich zu den Gästen und sagen: »Oh, wie ich sehe, haben Sie mir gerade ein Rauchzeichen gegeben ... Darf ich Ihnen zum Ausklingen des Abends noch eine Crème brûlée oder einen Sambuca empfehlen? – Natürlich mit einer frisch für Sie entzündeten Kerze!«

Schon sind Sie auf dem besten Weg Richtung Gipfel. Zum Abschied überreichen Sie diesen zwei Gästen die Kerze mit der Streichholzschachtel des Restaurants. Zu Hause entdecken die zwei Turteltauben einen kleinen Zettel mit Ihrer Botschaft darin: »Alles, was nötig ist, um die romantischen Stunden auch zu Hause zu genießen!« Et voilà – der erste Gipfel ist erklommen!

Sie sehen, was mit einigen wenigen Verhaltensänderungen zu bewerkstelligen ist. Ein kleiner Schritt für Sie, aber eine enorme Wirkung beim Kunden oder in Ihrem Team! Fühlen Sie sich bereit? Hat sich das Rädchen der Einstellung schon ein wenig bewegt? Ja? Wunderbar, dann fehlen Ihnen nun noch die beiden weiteren Erfolgsfaktoren.

Die Aufstellung

»You never walk alone ...«

Damit meinen wir, die richtige Person zum richtigen Zeitpunkt am richtigen Ort zu haben. So wie beim Fußball: ein Team aufs Spielfeld zu schicken, das gewinnen will. Das funktioniert natürlich nur, wenn jeder Mitspieler seine Position und seinen Auftrag kennt. Dann kann als Ergebnis der Teamarbeit ein schönes Spiel entstehen und im Idealfall ein klarer Sieg.

Über die Wichtigkeit einer konsequenten Mitarbeiterauswahl haben wir schon gesprochen und auch darüber, dass Kundenverblüffung im Team thematisiert werden muss. Um die richtige Aufstellung zu erzielen, sollten Sie Kundenverblüffung als Philosophie und als Aufgabenfeld mit Ihren Teammitgliedern auch vertieft besprechen.

- Was verstehen Ihre Mitarbeiter unter Teamplay?
- Stehen die Mitarbeiter hinter Ihren Kundenverblüffungszielsetzungen?
- Bieten die Aufgabenfelder Ihrer Teammitglieder die Möglichkeit, Stärken und Talente einzusetzen?
- Werden Ihre Mitarbeiter gefordert, aber nicht überfordert?
- Ist die Zusammensetzung Ihres Teams gut und lässt eine positive Gruppendynamik zu?
- Verfügen die Teammitglieder über genug Handlungsspielraum, um kreativ und selbstständig zu arbeiten?
- Kennen Ihre Teammitglieder die Kompetenzen, die sie im Sinne der Kundenverblüffung nutzen können?

Abbildung 1: Die Teamwand

In unserem Büro in Meggen haben wir extra ein Fußballfeld aufmalen lassen, an dem wir über unsere Kundenverblüffungsaufstellung im Team sprechen.

Falls Sie die oben stehenden Fragen größtenteils mit Ja beantworten können, dann haben Sie in Sachen Aufstellung einen »Sechser« erzielt. Für den absoluten Hauptgewinn fehlt Ihnen nur noch die Zusatzzahl. Sorgen Sie dafür, dass Sie im Team in etwa die gleiche Messlatte festlegen, wenn Sie von Kundenorientierung und von der Übertreffung von Kundenerwartungen sprechen. Stellen Sie sicher, dass alle mental darauf eingestellt sind, diese begeisternden Leistungen im Alltag zu vollbringen. Danach werden Sie feststellen, dass Ihnen wahrscheinlich noch ein letzter Erfolgsfaktor fehlt: die Bereitstellung.

Die Bereitstellung

Kundenverblüffungen, die sich spontan, also ungeplant, aus einer überraschenden Situation ergeben, gelingen meistens hervorragend. Sie erzielen oft einen besonders großen Überraschungseffekt. Allerdings ist es ganz einfach nur Wunschdenken, zu glauben oder zu hoffen, dass das Schicksal Ihnen drei- bis viermal die Woche solche Gelegenheiten bietet. Bitte nicht falsch verstehen: Solche Möglichkeiten gibt es immer wieder, doch oft haben Sie dann wahrscheinlich für Verblüffungen nicht das richtige »Werkzeug« zur Hand. Deshalb ist die Bereitstellung von Material für Kundenverblüffungen eine große Erleichterung. Ja, die Erfahrung zeigt, eine gute Bereitstellung ist sogar zwingend nötig.

Was ist notwendig? So ziemlich alles, was das Verblüffen erleichtert: Gegenstände, Geschenke, Verpackungsmaterial, Dekorationsmaterial und in gewissen Fällen auch pfiffige Formulierungen oder Ablaufbeschreibungen. Schauen Sie sich unseren Kundenverblüffungsschrank an (Abbildung 2) – in diesem befindet sich alles, was unsere Mitarbeiter zum Verblüffen benötigen. Übrigens: Sie sind herzlich eingeladen, den Schrank zu besichtigen, wenn Sie einmal in der Zentralschweiz sind. Wirklich, Hand aufs Herz: Wir freuen uns herzlich über jeden Verblüffungsfan, der uns besucht.

Wir unterscheiden grundsätzlich zwei verschiedene Arten der Bereitstellung. Die *geplante* Bereitstellung und die *spontane* Bereitstellung. Um diesen beiden Varianten auf die Schliche zu kommen, machen wir an dieser Stelle ein ...

... Time-out!

Bitte blättern Sie im Buch bis zum »Kundenverblüffungstest« auf Seite 160 und führen Sie ihn durch. Zwei wichtige Punkte haben wir ja bereits behandelt: die Einstellung und die Aufstellung. Somit sind Sie jetzt

bereit, den Test anzugehen. Etwas ungewöhnlich, aber wo, wenn nicht im Kundenverblüffungsbuch darf man ein Buch auch einmal auf eine andere Art und Weise lesen?
Viel Spaß und bis gleich!

Und? Haben Sie Ihr Kundenverblüffungspotenzial abgecheckt? Wunderbar. Sicherlich sind Sie jetzt erst recht motiviert, den letzten der drei Erfolgsfaktoren etwas genauer unter die Lupe zu nehmen. Wir prüfen nun gemeinsam, anhand der verschiedenen Situationen, welche der Beispiele im Sinne der Kundenverblüffung von der Bereitstellung abhängig sind. Bitte notieren Sie im Folgenden all jene Szenen, bei denen Sie denken, dass es ohne die richtige Bereitstellung kaum zu einer Verblüffung kommt (zum Beispiel: 2C):

Gut und gerne 10 Punkte dürften Sie oberhalb notiert haben. Also jene Beispiele, bei denen Gegenstände oder Formulierungen zum Einsatz kamen, die zuerst vorbereitet werden mussten. Also bedeutet Bereitstellung vor allem eins: Vorbereitung!

Die etwas einfachere Variante der »Vorbereitung« ist die planbare, institutionalisierte Bereitstellung. Sie erkennen in Ihrem Berufsalltag bestimmt Gelegenheiten und Anlässe, welche sich eignen, um gegenüber Ihren Mitbewerbern differenzierter, aber wirkungsvoller aufzutreten. Zum Beispiel:

- Beim Empfang von Kunden,
- in Meetings,
- beim Versand von Angebotsschreiben,
- bei der Warenübergabe,
- bei der ersten Lieferung,
- beim Reklamations-Handling.

Jetzt fehlt nur noch eine zündende Idee, die beim Gegenüber einen Überraschungseffekt auslöst. Danach beauftragen Sie ausgewählte Teammitglieder, die entsprechenden Gegenstände und Tools zu beschaffen und für alle bereitzustellen.
Natürlich dürfen Sie auch private Ereignisse Ihrer Kunden nutzen, um zu verblüffen:

- Bestandene Prüfungen,
- Ferienbeginn,
- Familienzuwachs,
- Krankenhausaufenthalte.

Ein Vorteil dieser planbaren Verblüffungen liegt auf der Hand: Sie haben zum entscheidenden Zeitpunkt sofort die Möglichkeit zu verblüffen. Durch die Bereitstellung erleichtern Sie dies und gestalten das Verblüffen viel effizienter. Folgende Beispiele aus dem Kundenverblüffungstest zählen zu dieser Kategorie der planbaren Bereitstellung: 3D, 4B, 4D, 6B, 6C, 6D.
Kommen wir zur zweiten Variante, der spontanen Bereitstellung. Dazu zählen folgende Situationen aus dem Test: 2C, 2D, 4C, 5D. Diese Szenarien sind nicht vorhersehbar und weit weniger häufig. Aus der Situ-

ation ergeben sich also Möglichkeiten, die sich nur gerade in diesem Moment und in dieser Konstellation anbieten. Die Herausforderung besteht also aus drei Punkten:

1. Situation als »Verblüffungsmöglichkeit« erkennen.
2. Sofort eine kreative Idee generieren.
3. Vorbereitung und Umsetzung rasch angehen.

Jeder Punkt für sich ist eine knifflige Aufgabe. Es ist schon eine Kunst, in gewissen Situationen das Potenzial für eine Verblüffung zu erkennen. Im nächsten Schritt auf Befehl kreativ und innovativ sein, ist, milde ausgedrückt, schon fast eine Mission Impossible. Und dann noch – trotz Zeitdruck, Alltagshektik und Prozessorientierung – die Verblüffung konsequent in die Hand zu nehmen.
Sie sehen schon, viele Dinge sprechen für die planbare Version der Bereitstellung. Und trotzdem lässt sich die spontane Variante nicht aus dem Alltag verbannen. Betrachten Sie es doch als sportlichen Anreiz, dann und wann auch diese Disziplin auszuprobieren. Auch hier gilt – wie überall – Übung macht den Meister!

Kunde – wer ist damit gemeint?

Kennen Sie den Üetliberg? Das ist der Hausberg von Zürich und ein beliebtes Ausflugsziel. Mit einer Höhe von 869 Metern über Meeresspiegel überragt er die umliegenden Zürcher Gemeinden und Quartiere und bietet einen herrlichen Blick über Zürich, den Zürichsee und auf die Alpen mit dem Alpenvorland. Besuchen Sie den Üetliberg einmal, es lohnt sich! Gut, bei schönem Wetter werden Sie sicher nicht allein dort oben sein, doch die schönen Wanderwege oder die Aussichtsplattform und das feine Essen in den Restaurants sind einen Umweg wert.
Weniger überragend als der Ausblick war das, was ich erst kürzlich in einem Seminarraum im Hotel auf dem Üetliberg erlebte: Während

eines maßgeschneiderten Verkaufstrainings für eine New-Economy-Consultingfirma (ja, New Economy gibt es auch heute noch) beobachtete ich, wie zwei, drei Teilnehmer eine der Aufgabenstellungen nicht bearbeiteten. Diese lautete: »Notieren Sie gezielte Vorgehensweisen, mit denen Sie Kunden, die ›erst‹ ein einziges Projekt mit Ihrem Unternehmen realisierten, dazu bringen, weitere Leistungen zu kaufen.« Die Antwort auf meine Frage nach dem »Warum?« war so kurz wie erstaunlich: »Wir haben keine Kunden.«

Hoppla! Ich glaubte, dies besser zu wissen, und so begann eine kurze, angeregte Diskussion. Die Argumentation der Teilnehmer lautete in etwa wie folgt: »Wir sind gar nicht mit den Endkunden in Kontakt, die unsere Beratungsleistungen kaufen, sondern mit strategischen Partnern, Vermittlern, Experten und anderen Abteilungen unserer Firma.«

Diese Argumentation erstaunte mich nicht, denn immer wieder treffe ich auf Firmen, in denen der Begriff »Kunde« nicht vollständig definiert ist. Teilweise steht Kunde ausschließlich für die Endkunden wie im eben genannten Beispiel. Andernorts wird der Begriff »interner Kunde« abgelehnt oder gar durch den Kakao gezogen. Ich gebe zu: Interner Kunde ist als Begriff durchaus optimierungsbedürftig – doch dazu kommen wir später.

Wohin ich Sie in diesem Kapitel führen möchte, ist Folgendes:

- Klären Sie in Ihrem Unternehmen genau, wen Sie alles mit dem Begriff »Kunde« meinen. Denn es wäre schade, wenn manche begeisternde Dienstleistung nur wegen Missverständnissen nicht erbracht würde.
- Klären Sie ebenfalls, welche Kundenverblüffungen richtig Spaß und Sinn machen, auch wenn sie nicht direkt an Endkunden gerichtet sind.

»Interne« Kunden

Starten wir mit dem vielleicht umstrittensten Kundenbegriff. Interne Kunden sind alle Kollegen, Geschäftspartner, Mitarbeiter oder Vorgesetzte, mit denen im Rahmen des eigenen Aufgabenfeldes zumindest kommuniziert oder sogar eng zusammengearbeitet wird. Dies führt immer wieder zu denselben ironisch gemeinten Fragen, die Vorgesetzte herausfordern sollen: »Ja was bin ich denn jetzt? Dein Mitarbeiter oder dein Kunde?« Die Antwort lautet: beides.

Allerdings auf sehr unterschiedlichen Ebenen. Ein Abteilungsleiter ist natürlich der Vorgesetzte seiner Mitarbeiter. Aber diese können im Rahmen eines Projektes im übertragenen Sinn eben auch seine internen Kunden sein. Deutlich wird das am Beispiel der Personalabteilung. In den letzten Jahren werden die Human-Resources-Abteilungen darauf getrimmt, ein spezialisierter interner Dienstleister zu sein. Ebenso wie ein Unternehmen für die Kommunikation mit dem Endkunden klare Qualitätsstandards definiert, sollen solche Qualitätsstandards auch für interne Anliegen gelten. Also ist es naheliegend, auch intern von einem Kunden zu sprechen.

Übrigens begegne ich immer öfter der Bezeichnung »Businesspartner«, die den Begriff des internen Kunden ersetzt. Businesspartner finde ich persönlich sehr passend, allerdings nur in einem internationalen Umfeld oder zumindest in größeren Unternehmen. Kaum ein Mitarbeiter einer Buchhandlung oder eines Hotels wird ihn allerdings nutzen, wenn er von einem Kollegen spricht. Nun, wie auch immer – klären Sie den Begriff des internen Kunden und entscheiden Sie sich für eine klare, gut begründbare Benennung.

Soll Kundenverblüffung somit auch auf interne Kunden angewendet werden? Hierauf lautet die Antwort: Jein. Oder anders ausgedrückt: Ja, aber ...

Am besten schauen wir einige Beispiele an.

Das interne Vorschlagswesen

Was geschieht, wenn ein »richtiger« Kunde mit einem Vorschlag an ein Unternehmen herantritt, mit dem dieses etwas verbessern kann? Nun, hoffentlich wird dieser Vorschlag sehr ernst genommen. Der Endkunde erhält ein Dankeschön, der Vorschlag wird geprüft, und auf jeden Fall sollte der Kunde informiert werden, was aus seinem Vorschlag geworden ist. Um dazuzulernen, um Prozesse zu verbessern, um die Kundenzufriedenheit und die Kundenloyalität zu steigern.

Was geschieht aber, wenn ein Mitarbeiter (also ein interner Kunde) einen Verbesserungsvorschlag einreicht? Beim direkten Vorgesetzten oder in speziellen Programmen (internes Vorschlagswesen), die in Unternehmen oft genug aufwendig umgesetzt werden. Ganz häufig ist von der Haltung, auf die ein Endkunde trifft, nicht viel zu spüren. Mitarbeitervorschläge werden nicht immer »verdankt«. Sie werden nicht einmal immer geprüft, und oft genug erfährt der Mitarbeiter nicht, was aus seinem Vorschlag geworden ist – und warum. Bei internen Vorschlägen ist die Hemmschwelle deutlich niedriger, um bei der Bearbeitung zu schlampen. Es sagt sich viel leichter: »Wir sind ja schon überlastet, dafür haben wir keine Zeit.« Eine Einstellung, die gegenüber Endkunden selten toleriert wird.

Von (interner) Kundenverblüffung also keine Spur – dabei sollte sie gerade hier fulminant gelebt werden! Wenn Mitarbeiter besonders gut informiert werden, wozu ihre Ideen führen, dann werden sie immer häufiger Verbesserungsvorschläge einreichen. Und genau dafür ist das interne Vorschlagswesen doch gedacht. Als Resümee lässt sich hier also eindeutig festhalten: Interne Kundenverblüffung ist angebracht. Legen Sie dabei den Schwerpunkt auf die Wertschätzung des internen Kunden. Zwei Kundenverblüffungsideen:

* Sorgen Sie dafür, dass Sie nachvollziehen können, wie viele Vorschläge einzelne Mitarbeiter einreichen. Der Gedanke der Kunden-

kartei ist ja schon erfunden und er lässt sich auch auf Ihre Teammitglieder anwenden. Wenn Sie sich nach einem neuen Vorschlag
dann sehr explizit für »den vierten Vorschlag« des Mitarbeiters bedanken können, ist das gelebte Wertschätzung und für diesen sehr
motivierend.

- Wenn sich die Prüfung eines Vorschlags verzögert, senden Sie auch
  Ihren internen Kunden einen Zwischenbericht, am besten mit Be-
  gründung. Dies schätzt jeder und es zeigt die Ernsthaftigkeit Ihrer
  Vorgehensweise.

Die Zusammenarbeit in Projekten

Der Begriff »Multitasking« ist heute in aller Munde. Mehr noch: Multitasking ist bezüglich der gesellschaftlichen Anerkennung auf dem
Vormarsch – und wie! Ein Mensch, der mehr oder weniger gleichzeitig einkauft, Auto fährt, einen Podcast hört, telefoniert oder surft und
dabei noch seine E-Mails im Griff oder wenigstens im Blick hat, muss
schließlich wichtig sein.

Wollen Sie meine Meinung wissen? Für mich ist hier ganz klar der
Wunsch Vater des Gedankens. Ich treffe für meinen persönlichen
Geschmack zu viele Menschen, die mir vorkommen, als ob sie gar
nicht mehr wissen, wie es ist, sich auf eine Sache zu konzentrieren.
Handy oder ähnliche Gerätschaften sind immer in Reichweite, und
selbst Meetings, Präsentationen oder intensive Gespräche, werden
rasch einmal unterbrochen. Wofür? Das ist meistens unklar und in 9
von 10 Fällen wäre die Unterbrechung gar nicht dringend erforderlich
gewesen. Nun, jeder Mensch muss selbst wissen, wie er sich abgrenzt
und ob er seinen Tag füllen oder erfüllen will.

Multitasking ist jedoch nur die Speerspitze einer gesamtgesellschaftli-
chen Veränderung, die in den Büros und Meetingräumen auf olympi-
schem Niveau stattfindet. Wir sind gezwungen, uns parallel mit immer
mehr Themen und Projekten zu beschäftigen. Vorsichtig geschätzt ist

heutzutage jeder einzelne Mitarbeiter eines Unternehmens in 8 bis 10 verschiedene Projekte involviert. Dies lässt leicht erahnen, dass Menschen in Führungspositionen locker auf die doppelte Anzahl an Projekten kommen, zu denen sie beitragen, falls sie diese nicht sogar leiten. Projekte, die nur dann geordnet und zügig vorwärtskommen, wenn Spielregeln eingehalten werden. Dies führt uns wieder zur Rolle der internen Kunden.

Wie viel Sinn macht Kundenverblüffung vor diesem Hintergrund? Zur Natur der Kundenverblüffung gehört stets, dass Erwartungen von Kunden übertroffen werden. Und dies ist bei der Zusammenarbeit in Projekten natürlich auch möglich – und erst recht empfehlenswert. Sehr sogar.

- Nehmen wir einmal an, Sie erwarten von allen Kollegen eines Projektteams bis zum 30. November einen Beitrag oder eine Stellungnahme. Was tun Sie, wenn diese nicht vollständig eintreffen? Sie können am 1. Dezember alle diese internen Kunden mahnen. Sie können jedoch genauso gut bereits am 26. November allen einen Reminder, eine Erinnerungs-E-Mail, senden. Bei den Gepflogenheiten, die heute oft in Unternehmen herrschen, wäre das allein schon eine verblüffende Geste.
- Nennen Sie Ihr Projektmeeting doch einfach einmal anders. Wer nimmt schon besonders gerne zum fünfzehnten Mal am Meeting »Go for 70« oder »Horizont« oder »Aufbruch« teil. Googeln Sie ein Filmplakat oder ein Schallplattencover, das zum Projektnamen passt, und scannen Sie dieses in die Einladung zum Meeting ein. Lüften Sie zu Beginn des Meetings das Geheimnis, warum Sie dieses Bild wählten, und spielen Sie beim Eintreffen im Meetingraum die passende Musik.
- Sicher dauert auch bei Ihnen die eine oder andere Sitzung länger als geplant, oder es fallen im Projekt Überstunden an. Senden Sie Ihren Mitstreitern eine handgeschriebene Postkarte, auf der Sie sich für den Extraeinsatz bedanken.

Drei Spezialfälle

1. *Strategische Partner/Vermittler:* In vielen Branchen gibt es Vermittler oder strategische Partner, mit denen gemeinsam das eigene Geschäft entwickelt oder getätigt wird. Kundenverblüffung ist auch hier geeignet, um den Alltag in der Zusammenarbeit nicht überhand nehmen zu lassen. Die meisten Menschen schätzen es eben, wenn die Zusammenarbeit Spaß macht, und deshalb ist die eine oder andere überraschende Geste wichtig. Alle B2B-Verblüffungen (siehe Seite 143 ff.) kommen in Frage, und sicher fallen Ihnen schnell noch einige mehr ein.

2. *Behörden:* Für Behörden gilt dasselbe. Gerade Behörden sind wahrscheinlich nicht daran gewöhnt, dass Kunden ihnen mit einer Überdosis Wertschätzung begegnen. Somit können Sie mit Kundenverblüffung hier viel Positives auslösen und die Kommunikation verbessern. Wahrscheinlich werden Sie jedoch von selbst nicht gerade den Fokus Ihrer Kundenverblüffungsanstrengungen auf Behörden legen – es sei denn, diese sind Ihre Endkunden.

3. *Medienansprechpartner:* In der Kommunikation mit Journalisten empfehle ich Ihnen, mit Kundenverblüffung sehr gezielt und sogar ein wenig sparsam umzugehen. Schließlich steht in der Kommunikation mit Journalisten Ihre Botschaft im Mittelpunkt. Dennoch: Wertschätzendes Kommunizieren hilft auch hier bei der Vertrauensbildung. Eine handgeschriebene Postkarte mit einem ehrlichen Kompliment für eine kompetente Berichterstattung wird sicherlich positive Energien freisetzen.

B2C oder B2B – für das Verblüffen fast kein Unterschied!

Das Kürzel B2C steht für Business-to-Consumer und bezeichnet die Ausrichtung von Kundenkontakten. Gemeint ist die Summe der Kontakte, die ein Unternehmen an seine Konsumenten richtet. Konsumenten sind wir alle – Herr und Frau Schweizer, Otto Normalverbraucher et cetera. B2B steht für Business-to-Business – also für die Kundenkontakte unter Unternehmen. Doch starten wir mit B2C.

Kundenverblüffung fällt im direkten Kundenkontakt mit privaten Kunden sehr leicht, denn die Gelegenheiten sind enorm vielfältig. Die Friedmannschen Erlebnisse zeigen auf, wie viele Gelegenheiten für Kundenverblüffung in einer einzigen Woche genutzt werden könn(t)en – die dort aufgezählten Chancen sind dabei längst noch nicht vollständig.

Immer wieder werden wir gefragt, ob Kundenverblüffung auch für die B2B-Kommunikation geeignet und umsetzbar ist. Und wie! – rufen wir den Fragestellern laut und deutlich zu. Im Grunde genommen geht es doch darum, Kundenerwartungen gezielt zu übertreffen – und dies ist gerade im Kontakt zweier Unternehmen möglich und vor allem enorm wichtig. Denn der Service eines Unternehmens und die damit eng verbundene Kommunikation mit Kunden wird immer mehr zum wichtigsten Differenzierungsfaktor. Allzu sehr ähneln sich die Produkte in vielen Branchen, als dass sie geeignet wären, sich von selbst vom Mitbewerber abzuheben.

Zwei Beispiele dazu: Denken Sie mit mir doch einmal zurück an den guten alten VW Golf. Wie lange galt er als unangefochtene Nummer eins unter den Kompaktwagen? Sehr lange jedenfalls – und heute? Sicher ist er immer noch ein starkes Auto, aber die Mitbewerber haben aufgeschlossen. Manche bieten inzwischen vielleicht sogar ein besseres Preis-Leistungs-Verhältnis. Noch enger ist es bei klassischen Dienstleistern wie beispielsweise Krankenversicherungen. Als ich im April 2010 hörte, dass in der Schweiz die beiden Versicherungsunternehmen Sanitas und KPT fusionieren, kam mir in den Sinn: Die beiden müssen einen Bereich kaum zusammenführen, nämlich die Produkte. Diese sind wahrscheinlich bereits nahezu identisch, ganz egal ob im Privatkundensegment oder im Unternehmensgeschäft. Krankenversicherungen gelingt die Differenzierung über das Produkt allein praktisch nicht mehr. Und wenn einmal eine Produktinnovation Aufsehen erregt, ist diese von den Mitbewerbern schneller kopiert, als man denkt.

Genau an dieser Stelle bietet Kundenverblüffung eine ganz große Chance! Denn die Kommunikation mit Kunden kann einerseits ein ganz starker Differenzierungsfaktor sein. Andererseits kann die Art und Weise, wie ein Unternehmen kommuniziert, nicht so schnell kopiert werden wie eine Produktinnovation. Denn die Unternehmenskultur spielt bei der Kommunikation eine wichtige Rolle – und diese lässt sich nun einmal nicht schnell verändern und schon gar nicht schnell kopieren.

Verpasste Chancen prägen den Alltag

Bevor wir Ihnen aufzeigen, wie viele Kontakte B2B für Kundenverblüffung geeignet sind, werfen wie einen Blick auf die Realität. Die schlechte Nachricht zuerst: In der Realität ist nicht Kundenverblüffung an der Tagesordnung, sondern Mittelmaß. Die gute Nachricht: Ihre Chance, sich durch Kundenverblüffung von Mitbewerbern abzuheben, wird dadurch größer!

Das alltäglichste Kommunikationsmittel zwischen Unternehmen ist ganz bestimmt das Telefon. Leider wird hier in vielen Firmen alltäglich Spitzenleistung mit Mittelmaß verwechselt, denn ein Unternehmen anzurufen bereitet ziemlich oft keine Freude. Das beginnt mit der Stimmung am Telefon, der man allzu oft Hektik oder fehlende Motivation anmerkt. Fragen werden dem Anrufer kaum gestellt, und das Weiterverbinden zur nächsten Ansprechperson katapultiert Kunden meist endgültig zwei bis drei Kundenorientierungszeitalter zurück, etwa in die 1980er oder 1990er-Jahre. Immer noch laufen zur Mittagszeit Anrufe ins Leere – dabei ist der Anrufbeantworter mittlerweile doch erfunden. Brief und E-Mail folgen sicher auf Platz 2. Und obwohl der ein oder andere Standardbrief in den Unternehmen inzwischen recht ordentlich daherkommt, ist die Menge an schlechten Briefen immer noch viel größer als die exzellenten Schreiben. Was einen Brief so richtig schlecht macht? Hier nur zwei von zwanzig (!) Beispielen, die uns in der Unternehmenspraxis immer wieder begegnen:

- Auf manchen Briefen stehen jede Menge interne Zeichen und Nummern, bevor ein Kunde auch nur angesprochen wird. Das wirkt jedoch nicht kundenorientiert, sondern prozessorientiert. Und das ist weiß Gott ein Riesenunterschied.
- Viele Unternehmen schaffen es nicht einmal, eine einheitliche E-Mail-Signatur einzuführen. So kann es sein, dass in der gleichen Firma ein Kollege seine Visitenkarte abschreibt, ein anderer seinen persönlichen Lieblingsspruch anhängt (sympathisch, aber gehört das hierher?), und in der dritten Mail steht gar nichts unter dem Namen.

Noch mehr Beispiele?

- Präsentationen von Angeboten oder Projektplänen sind eine große Chance, um die Beziehung zum Kunden auszubauen. Doch wie kommen diese oft daher? Als PowerPoint-Schlacht, ohne Bilder beziehungsweise ohne cleveren Aufbau und dann auch noch von Vielrednern per Einbahnstraßenkommunikation präsentiert. So schlägt man im übertragenen Sinn eher den Kunden tot als dem Mitbewerber ein Schnippchen!
- Warum sehen viele Angebote (oder nennen Sie diese Offerten bzw. Proposals) gleich aus? Das Logo des Kunden auf Seite 1 einzuscannen ist keine Heldentat und fast immer folgt auf Seite 2 ein Anschreiben und auf Seite 3 steht das Inhaltsverzeichnis. Das reicht nicht und geht viel, viel besser!
- Fahrer, die Waren ausliefern, können ganz wesentlich zur Kundenbindung beitragen. Aber tun sie es auch? Eine Uniform allein macht

den Unterschied jedenfalls noch nicht aus, auch wenn dies ein guter Anfang ist. Mit der Zeit kennt ein Fahrer seine Kunden doch persönlich und richtig gut, oder sollte ich sagen, er könnte die Kunden doch eigentlich gut kennen? Stattdessen sitzen Marketing-Cracks in den Büros und überlegen sich Strategien, wie man näher an den Kunden herankommt. Doch den, der ganz nah am Kunden dran ist, setzen sie dazu nicht ein.

- Banken und Versicherungen beschäftigen Heerscharen von Spezialisten, die sich neue Prozesse ausdenken und Kunden zu immer automatisierteren Abläufen überreden wollen. Um diese Einstellung gut sichtbar zu machen, versenden sie selbst bei guten Nachrichten oder Informationen »Formulare ohne Unterschrift« – und natürlich auch ohne persönlichen Kontakt oder gar ein Foto vom Kundenberater.

- Mittelmaß ist auch im Einzelhandel an der Tagesordnung. Lesen Sie folgende Geschichte und fragen Sie sich, ob Sie dies überhaupt noch als mittelmäßige Leistung bezeichnen würden:

> An einem wunderbaren Mittwochnachmittag fahre ich mit dem Auto von St. Gallen zurück Richtung Zentralschweiz. Auf der Autobahn führt dieser Weg kurz vor Zürich an einem tollen Einkaufszentrum vorbei. Kurz entschlossen halte ich an, um in diesem Einkaufszentrum Bücher für einen Workshop und eine CD zu kaufen.
>
> Dementsprechend zielstrebig nehme ich vom Parkplatz aus Kurs auf die Filiale eines Buchhändlers. Die Bücher finde ich sehr schnell. Die CD von Marit Larsen möchte ich meiner Frau schenken, weil Ihr »If a song could get me you« so gut gefällt. Knapp fünf Minuten lang suche ich diese erfolglos. Dann wende ich mich an zwei Mitarbeiterinnen, die gemeinsam, angeregt diskutierend, an einem PC stehen. Der erste Satz, den ich auf meine Frage zu hören bekomme, lautet: »Suchen Sie doch mal in diesem Regal da vorne.«

> Als ich weiterhin erfolglos suche, frage ich eine Mitarbeiterin, die vorbei äuft: »Ich bin neu hier. Das weiß ich noch nicht.« Also wende ich mich an den Mitarbeiter an der Kasse. Dieser erinnert mich an den deutschen Einzelhandel, als er sagt: »Ich bin nur die Kasse. Da kann ich Ihnen nicht helfen.« Als ich weitere fünf Minuten später nicht nur die CD und das Buch in meinen Händen halte, sondern sogar noch ein kleines Spielzeug, dass ich spontan kaufen will, begrüßt mich die Dame an der Kasse mit den liebevollen Worten: »Jetzt überfordern Sie mich aber gerade enorm. Wo haben Sie das denn her?«

Würde ich an dieser Stelle auch noch über Handwerker schreiben, dann bräuchte ich auf einen Schlag gleich 20 Seiten mehr. Deshalb gilt mein letzter Blick den vielen Technikern, die im Kundendienst unterwegs sind. Egal ob sie nun Aufzüge, Telefonanlagen, Maschinen oder Kühlanlagen warten – wie viele Kunden fragen sich pro Tag wohl, wo sie genau sind, wann sie eintreffen und was ihre Interventionen nun wirklich gebracht haben. Ihren Job machen sie fachlich bestimmt gut, aber das ist die Voraussetzung für ein akzeptables kundenorientiertes Verhalten. Spitze wäre es, wenn aus manchem Serverraum oder während der Anfahrt den Kunden eine Information erreichen würde. Schon dies würde häufig pure Freude auslösen, womit wir bei einigen Vorschlägen wären, um Kundenverblüffung B2B glänzend umzusetzen.

Glänzende Umsetzung der Kundenverblüffung

Am Telefon

Liegen Ihnen die Handynummern Ihrer Kunden vor? Wenn ja, dann senden Sie Ihren Kunden doch einen Monat lang eine Danke-SMS – nach einer Bestellung oder nach einem Einkauf.
Wie haben Sie Ihre Mobilbox besprochen? Etwa gar nicht? Hören Ihre Kunden die einzigartige und sympathische Computerstimme Ihres

Telefonproviders? Na, dann aber nichts wie los – für sympathisches und verblüffend persönliches Kommunizieren können Sie Ihre Mailbox zum Beispiel so besprechen:

»Herzlichen Dank für Ihren Anruf. Ich bin Thomas Muster von der Muster AG und jetzt natürlich gespannt, wer Sie sind. Bitte geben Sie mir an, wann Sie für einen Rückruf erreichbar sind. Schönen Tag noch!«

In Ihren E-Mails

Wie sieht Ihre E-Mail-Signatur aus? Nutzen Sie diese für einen sympathischen Auftritt und geben Sie Ihren Kunden darin wichtige Informationen? Wenn nein, hier eine Anregung:

NeumannZanetti & Partner
The Empowerment Company

Miriam Loosli
miriam@nzp.ch

NeumannZanetti & Partner
The Empowerment Company
Huobmattstrasse 5
CH - 6045 Meggen / Luzern

www.nzp.ch

Telefon: +41 41 379 77 77
Fax: +41 41 379 77 79

zum Seminarkalender 2010

In Briefen

Für Briefe gilt: Anfang und Ende bleiben besonders gut in Erinnerung. Starten Sie deshalb mit einer Schlagzeile, anstatt eine langweilige Betreffzeile zu notieren. Wenn ein Kunde eine Broschüre anfordert, ist es wenig überraschend, wenn Sie »Ihre Anfrage für eine Broschüre« in die Betreffzeile schreiben. »Vielen Dank für Ihr Interesse« oder »Bei uns sind Sie goldrichtig« klingt da schon deutlich besser.
Vor Kurzem erhielt ich Post von einem Kaminbauer. Im Brief verabschiedete dieser sich »Mit feurigen Grüßen«. Spitze – das macht Spaß! Welche Grußworte schreiben Sie ab sofort?

In Offerten

Viele Kunden schätzen es, wenn Sie anstatt eines PDF-Dokuments wieder einmal einen Ausdruck des Angebots in der Post finden. Natürlich nur, wenn die Zeit dies auch erlaubt. Die Neugier beim Öffnen der Offerte können Sie ganz leicht steigern, indem Sie ein Post-it auf die Seite kleben, die für den Kunden besonders wichtig ist. Und zwar so, dass das Post-it seitlich herausragt.
Überlegen Sie sich auch, wie Sie Ihre Angebote aufbauen – langweilig oder verblüffend? Machen Sie aus der Seite 3 jeweils einen Knüller und notieren Sie dort ein Kundenzitat, dass Sie mitgeschrieben haben, oder beschreiben Sie dort einen ganz besonderen Vorteil, den Ihr Kunde bei Ihnen erhält. Das ist deutlich attraktiver als ein überdimensional großes Inhaltsverzeichnis.

Bei Präsentationen

Achten Sie einmal darauf, wie sich Menschen in Geschäftssituationen vorstellen. Was sie über sich selbst sagen, klingt oft himmeltraurig und uninspiriert – beispielsweise zu Beginn einer Präsentation. Meistens erzählen sie über sich selbst nicht viel mehr als das, was auf der Visitenkarte steht.

Dabei verpassen Sie die Chance, sich positiv von anderen abzuheben oder ganz einfach Gemeinsamkeiten zu entdecken. Überlassen Sie das Vorstellen also nicht dem Zufall!

Wenn mindestens zwei Teammitglieder zu einem Meeting oder einer Präsentation gehen, an der unsere Ansprechpartner uns persönlich noch nicht kennen, stellen wir uns gegenseitig vor. Dies wirkt teamorientiert, sympathisch, wertschätzend und abwechslungsreich. So vermeiden wir den langweiligen Eindruck, der durch übliche Vorstellungsfloskeln entsteht. Zudem muss sich so niemand selbst als Spezialist oder Crack darstellen, sondern er wird vom Teamkollegen ins beste Licht gerückt: Das ist ein großer Unterschied! Kunden fallen solche feinen Töne durchaus auf – denn sie überprüfen völlig zu Recht instinktiv, wie diejenigen kommunizieren, die ihnen helfen sollen, erfolgreicher zu werden.

Rund um Präsentationen gibt es noch eine Menge Beispiele, Kunden zu verblüffen und Pluspunkte zu sammeln. Doch ist hier dafür nicht der richtige Platz. In *Ihr Auftritt zum Erfolg* haben wir viele Anregungen und Tipps notiert (ISBN 3-280-05088-X).

NeumannZanetti & Partner – die Klassiker

Immer wieder werden wir gefragt, auf welche Verblüffungen unser Team setzt, mit welchen Verblüffungen wir unsere Kunden begeistern. Dies sind über die Jahre jedoch so viele und unterschiedliche Vorgehensweisen gewesen, dass eine Zusammenfassung schlicht nicht möglich ist.

Deshalb stellen wir Ihnen gern die NeumannZanetti & Partner-Kundenverblüffungsklassiker vor. Entweder sind diese besonders erfolgreich oder sie werden besonders häufig eingesetzt oder sie haben trotz vieler Innovationen die Jahre überlebt und sind deswegen zum Klassiker geworden.

Abbildung 2: Kundenverblüffungsschrank

Die Voraussetzung für eifriges Kundenverblüffen ist und bleibt natürlich, dass ein gewisser Grundstock an Material vorhanden ist. Dies findet sich bei uns im Kundenverblüffungsschrank. Dieser Schrank ist mittlerweile ein Regal und dort findet sich das Wichtigste: die Zutaten zum Verblüffen, die Rezepte beziehungsweise Vorgehensweisen und die Verpackungen. Denn Verblüffen muss schnell und einfach gehen. Wenn das Versenden eines Erkältungstees an eine grippekranke Kundin zuerst einen Gang in eine Drogerie und später mit dem Päckchen noch den Weg zur Post erfordert, wird wenig verblüfft – und zwar nicht wegen mangelnder Bereitschaft, sondern weil dies zu viel Zeit kosten würde. Zeit ist heute schließlich überall eine knappe Ressource. Dieses Beispiel führt gleich zum ersten Verblüffungsklassiker ...

Tee für erkältete Kunden

Wie häufig spricht man am Telefon einen Kunden, der ganz offensichtlich (oder besser gesagt: hörbar) erkältet ist – und das nicht nur zur typischen Grippesaison über den Winter. Wir nutzen dies oft für eine sympathische Geste.

Abbildung 3: Für eine schnelle Genesung

Erkältungstee

Einsatzidee: Unterstützung bei der Genesung von einer Erkältung oder einem Schnupfen.

Hören Sie bei einem Gespräch, dass ein Kunde erkältet ist oder sich eine Grippe eingefangen hat, senden Sie ihm im Anschluss einen Erkältungstee oder eine Vitaminbombe zum Anrühren.

Tipp: Schicken Sie zusätzlich Papiertaschentücher oder Erkältungsbonbons mit!

Geburtstagsgratulation

Sehr häufig rufen wir Freunde und Kunden an, um zum Geburtstag zu gratulieren, denn nichts geht über den ganz persönlichen Kontakt und Einsatz. Trotzdem haben wir uns ein schönes Tool geschaffen, mit dem wir Geburtstagsgrüße attraktiv, auffällig und gleich als Team versenden können. Sehen Sie selbst:

Abbildung 4: Die besten Wünsche zum Ehrentag

Easy Flip zum Geburtstag

Einsatzidee: Die perfekte Geburtstagsüberraschung von Ihrem ganzen Team!

Lassen Sie Ihrer Fantasie freien Lauf! Schreiben Sie Ihre Geburtstagswünsche auf ein Easy Flip und schmücken Sie dieses mit ein paar tollen Sujets. Lassen Sie nun alle Teammitglieder mitunterschreiben, welche den Kunden/Kollegen auch kennen. Zusammenfalten, mit farbigen Punkten zusammenkleben und ab die Post!

Entspannungsbadeblüten bei Stress

Gerade erst vor einigen Tagen geschah es wieder. Am Telefon werden die letzten Vorbereitungen für ein Messetraining besprochen. Der Kunde ist wirklich im Stress, typisch vor einer Messe und sehr verständlich. Eine ideale Situation, um die Kommunikation nach dem Telefonat auf der Beziehungsebene fortzusetzen und unserem Ansprechpartner auf der Kundenseite unsere Sympathie zu zeigen.

Abbildung 5: So spült man Stress einfach weg

Ein Energieschub vor der Prüfung

Oft erfahren wir von Kunden, dass sie derzeit noch in einer Weiterbildung oder gar einem Aufbaustudium engagiert sind. Nichts tun wäre eine Option – für uns allerdings nicht. Wir fragen nach dem Prüfungstermin und senden zu Beginn des betreffenden Monats einen kleinen Energieschub mit aufmunternden Worten.

Abbildung 6: Power für den Prüfungstag

Energy Drink

Einsatzidee: Verschenken Sie Energie und Mut für eine bevorstehende Prüfung!

Ihr Kunde/Partner erwähnt im Gespräch, dass bei ihm schon bald eine wichtige Prüfung ansteht. Das ist der perfekte Zeitpunkt, um einen Energy Drink zusammen mit ein paar aufmunternden Worten auf die Reise zu schicken. Das sind powervolle Erfolgswünsche mit energetischer Wirkung.

Tipp: Legen Sie auch Traubenzucker-Riegel dazu. Dies hilft, am Tag X die Konzentration zu steigern.

Der Comeback-Kompass

Wie schade ist es, wenn wir den Wunschtermin eines Kunden für einen Schulungstag oder für einen Auftritt als Redner nicht anbieten können. Erst recht, wenn dies dazu führt, dass sich der Kunde nach einer anderen Lösung umsehen muss. Da bluten in Meggen die Kundenorientierungs- und Verkaufsherzen. Und dies erfordert hier und da eine starke Geste, um unser ehrliches Bedauern auch zu zeigen.

Abbildung 7: Aus den Augen, doch nicht aus dem Sinn!

Comeback-Kompass

Einsatzidee: Sie mussten einem Kunden seinen Wunschtermin absagen!

Möchten Sie sich manchmal auch gerne zweiteilen? Sie können einen Termin für einen Kunden nicht anbieten und dieser schaut sich dann wohl oder übel nach einer anderen Lösung um. Schicken Sie ihm danach einen Comeback-Kompass, so wird der Kunde jederzeit den Weg wieder zu Ihnen finden.

Panini-Bilder für Fußballfans

Saisonale Verblüffungen sind oft passend und gar nicht schwierig umzusetzen. Vor und während der großen Fußballturniere garnieren wir unsere Korrespondenz mit Panini-Bildern. Denn auch erwachsen gewordene Kinder sind neugierig und gespannt darauf, welche Panini-Bilder ihr Päckchen wohl enthält. Vielleicht ist ja ein Spieler des Lieblingsclubs dabei.

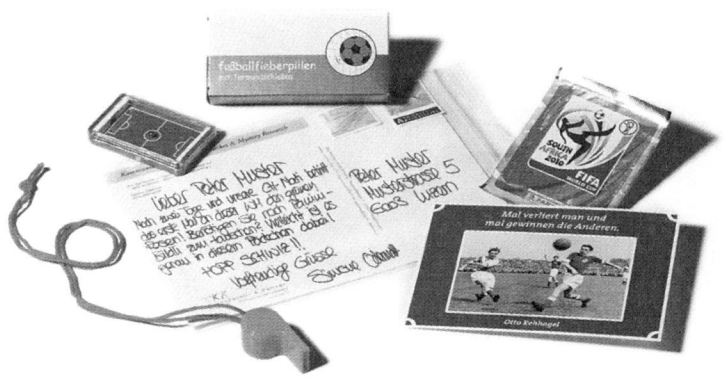

Abbildung 8: Spieltrieb weckt Begeisterung

Panini-Bilder

Einsatzidee: Wecken Sie das Kind in Ihrem Kunden!

Überraschen Sie vor und während großer Fußballturniere Ihre Kunden mit Panini-Bildern oder anderen kleinen Fußballaccessoires. Diese sympathischen Gesten sind eine willkommene Auflockerung im Arbeitsalltag.

Tipp: Laden Sie Ihre Kunden doch auch einmal zu einer spannenden Begegnung mit Tischfußball oder zu einem Match ins Stadion ein.

Bombenstimmung

Kennen Sie den Firmengeburtstag Ihrer wichtigsten Kunden? Wenn nein, schade. Wenn ja: Wie feiern Sie diesen? Bei uns verlässt nicht selten eine Tischbombe das Büro, um beim Kunden die Stimmung anzuheizen. Diese ist übrigens vor allem mit Sweets und Smileys gefüllt, um die Verletzungsgefahr gering zu halten und für sofortigen Genuss zu sorgen.

Abbildung 9: Die Tischbombe ist ein echter Knaller

Tischbombe

Einsatzidee: Gratulationen zu einem Firmengeburtstag einmal anders!

Sofern Sie die Firmengeburtstage Ihrer Kunden kennen, sollten diese gefeiert werden. Füllen Sie eine große leere Tischbombe mit vielen Kleinigkeiten, wie zum Beispiel verschiedene Süßigkeiten, Luftschlangen oder Konfetti. Beim »großen Knall« wird die Erinnerung an Ihren Party-Beitrag noch lange nachhallen.

Tipp: Die Außenhülle lässt sich mit kleinem Aufwand neu »verkleiden« und mit dem Logo des Kunden und/oder mit den Unterschriften der Gratulanten ergänzen.

Begrüßung und Verabschiedung von Kunden an der Bürotür

Dass der letzte Eindruck von Begegnungen besonders nachhaltig wirkt, ist längst bekannt. »Vom Know-how zum Do-how« lautet die Devise also – uns machen folgende Vorgehensweisen besonders Spaß: Als Begrüßung empfangen wir Gäste im Büro mit einem maßgeschneiderten Willkommensblatt. Und zur Verabschiedung bieten wir ein Mineralwasser »für den Weg« an. Beides kommt sehr gut an.

Abbildung 10: Persönlich begrüßen und verabschieden

Begrüßung/Verabschiedung

Einsatzidee: Beweisen Sie Ihre Gastgeberqualitäten!

Stellen, legen oder kleben Sie vor Ihre Bürotür ein für jeden Kunden maßgeschneidertes Willkommensblatt. Wer freut sich nicht, seinen eigenen Namen auf der Eingangstür zu lesen. Bieten Sie Ihrem Kunden zum Abschied eine kleine Flasche Mineralwasser für die Rückreise an. Der letzte Eindruck wird so auf jeden Fall positiv ausfallen.

Tipp: Genial, wenn der Gast dann noch zwischen der gekühlten und der zimmertemperierten Variante wählen darf!

Win-for-Life-Los

Sehr häufig erhalten wir Bewerbungen von Menschen, die sich ihre berufliche Zukunft bei uns vorstellen können – und dies längst nicht nur, wenn wir offene Stellen ausgeschrieben haben. Nun, oft haben wir keine passende freie Stelle, auch bei tollen Bewerbungen. In unseren Antwortschreiben begründen wir unsere Entscheidung individuell – was bei den vielen standardisierten Briefen heutzutage allein schon verblüffend wirkt. Den Bewerbern, mit denen wir in Kontakt bleiben möchten, legen wir zudem ein Win-for-Life-Los bei, als besonderen Dank für den Vertrauensbeweis.

Abbildung 11: Sympathische Absage einer Bewerbung

Win-for-Life-Los

Einsatzidee: Absagebrief für eine Blindbewerbung, da Sie keine freie Stelle haben.

Sie bekommen Blindbewerbungen von Personen, die gerne bei Ihnen arbeiten möchten. Nun haben Sie momentan keine freie Stelle, möchten mit der Person aber in Kontakt bleiben. Schreiben Sie einen individuell zugeschnittenen Antwortbrief und legen Sie ganz einfach ein Win-for-Life-Los dazu!

Wörterbuch Deutschland/Schweiz

Jeder fünfte Schulungstag, den wir durchführen, findet außerhalb der Schweiz statt – meistens in Europa und am häufigsten in Deutschland. Darüber freuen wir uns sehr. Wenn wir nun von einem deutschen Kunden erstmals Besuch erhalten, senden wir ihm im Vorfeld als kleine Lektüre das Wörterbuch für »schwyzerdütsche« Ausdrücke. Nicht weil wir wirklich denken, er versteht in der schönen Schweiz niemanden, sondern einfach als sympathische, überraschende Geste und zur Unterhaltung.

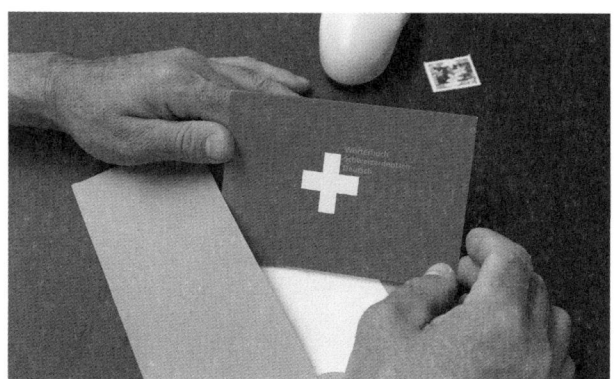

Abbildung 12: Lexikon Deutsch – Schwyzerdütsch

Schweizer Pass

Einsatzidee: Zu Beginn einer Zusammenarbeit mit Kunden aus Deutschland und Österreich!

Überreichen Sie Ihren Kunden dieses originelle Wörterbuch „Deutsch – Schweizerdeutsch", damit es bei der motivierenden Zusammenarbeit nicht zu „sprachlichen Missverständnissen" kommt.

Tipp: Am besten ergänzen Sie die Umschlagseite mit einer passenden Schweizer Redewendung: http://de.wikiquote.org/wiki/Schweizer_Sprichwörter

Sesselwechsel

Kennen Sie die »Sesselwechsel«-Rubriken in den Wirtschaftszeitungen? Dort wird informiert, welche Führungskräfte neue Jobs und Herausforderungen beginnen. Wenn wir vom »Sesselwechsel« unserer Kunden erfahren, kann es schon einmal vorkommen, dass diese am neuen Arbeitsplatz einen Gruß mit guten Wünschen und einer – nicht ganz ernst gemeinten – Lektüreempfehlung vorfinden.

Abbildung 13: Malbuch gegen Langeweile am Arbeitsplatz

Malbuch

Einsatzidee: Ein Malbuch gegen allfällige Langeweile am neuen Arbeitsplatz.

Wenn Sie erfahren, dass einer von Ihren Kunden den Arbeitgeber wechselt, ist eine Karte mit guten Wünschen nie verkehrt! Legen Sie das nicht ganz ernst gemeinte Malbuch für langweilige Büroalltage dazu und die Schmunzler sind Ihnen garantiert.

Tipp: Verstecken Sie innerhalb des Malbuchs eine Ihrer Visitenkarte mit folgender Nachricht: »Hotline für Langeweileberatung«.

Die Kuh ELSA

Manchmal erzählen uns Kunden von Erlebnissen, bei denen sie sich enorm geärgert haben. Seien es eigene Erlebnisse als Kunde oder solche mit Kunden, was oft die größere Herausforderung ist. Um für weitere, ähnliche Situationen gewappnet zu sein, verschenken wir gern die Kuh ELSA. Unter Druck kann man sie ähnlich wie einen Anti-Stress-Ball kneten, wenn nicht sogar gegen die Wand werfen. Sie verzeiht dies, tröstet und steht beim nächsten Ärger in Top-Form wieder zur Verfügung. Cool!

Abbildung 14: Knautsch-Kuh mit Charme gegen den Stress

Knautsch-Kuh

Einsatzidee: Sympathische Unterstützung zur positiven Stressbewältigung.

Ein Kunde erzählt Ihnen von ärgerlichen Erlebnissen oder dass er fürchterlich genervt war. Um sich in Zukunft während einem solchen Gesprächs etwas zu entspannen, überreichen Sie ihm die sympathische und unkomplizierte Knautsch-Kuh als Anti-Stress-Ball-Ersatz.

Tipp: Der neue Besitzer darf der Kuh einen neuen Namen geben – ein kreatives Ablenken vom Frusterlebnis.

Zugabe: »Simply the best!«

Der Kundenverblüffungstest

Wollten Sie schon immer einmal wissen, ob Sie ihn im Blut haben oder nicht – den Kundenverblüffungsvirus? Ob Sie kreativ sind, in den richtigen Situationen Mut beweisen, differenziert auftreten und keine Berührungsängste gegenüber Ihren Mitmenschen haben?
Dann haben wir genau das richtige für Sie: einen Test in der Art eines Liebes-Psycho-Fragebogens, wie sie ihn vielleicht in früheren Zeiten, zum Beispiel in der *Bravo* oder in der *Girl*, neugierig ausgefüllt haben. Legen Sie einfach los und seien Sie sich selbst gegenüber immer aufrichtig. Wählen Sie jeweils die Antwort, welche am ehesten auf Ihre mögliche Verhaltens- und Vorgehensweisen zutrifft. Die Auswertung finden Sie übrigens in Kapitel 5: auf der Aftershow Party!

Situation 1: Speisen auf Reisen

Stellen Sie sich vor, Sie sind Minibar-Steward in einem Eurocity-Zug und ziehen Ihren rollenden Kiosk gerade durch den Erste-Klasse-Wagen. Da spricht Sie ein Geschäftsmann auf den Speisewagen an. Er selbst versucht vergeblich, eine Verbindung mit seinem Handy herzustellen. Wie reagieren Sie?

- ☐ **A:** »Den Speisewagen finden Sie im übernächsten Wagen zwischen der ersten und der zweiten Klasse.«
- ☐ **B:** »Getränke und Snacks bekommen Sie gerne auch von mir. Dann brauchen Sie nicht extra zwei Wagen weiterzugehen.«
- ☐ **C:** »Meine Kollegen vom Speisewagen empfangen Sie im übernächsten Wagen. Ach, und guten Handyempfang haben Sie erst ab Buchloe wieder ...«
- ☐ **D:** »Das ist eine gute Idee! Zwei Wagen weiter empfangen Sie meine Kollegen mit feinen Menüs. Gerne serviere ich Ihnen jetzt schon einen kleinen Aperitif und reserviere für Sie im Vorbeige-

hen einen Platz im Speisewagen. Ist 19:30 Uhr recht für Sie? Dann haben Sie übrigens auch wieder guten Empfang mit Ihrem Mobiltelefon.«

Situation 2: Ein Engel für Fehlerteufelchen

Für den alljährlichen Anlass des Branchentreffens in der Region zeichnen Sie diesmal verantwortlich. Im Vorfeld bereiten Sie eine kreative Einladung vor und versenden diese mit handschriftlicher Anrede versehen. Zwei Tage vor dem Anlass meldet Ihnen einer Ihrer Mitarbeiter, dass er auf der Einladung einen Fehler entdeckt habe: Beim »Begrüßungskaffee« ab 8:00 Uhr ging das »k« verloren. Also steht dort nur noch »Begrüßungsaffee«. Wie handeln Sie in so einem Fall?

- ☐ **A:** Ich unternehme gar nichts, dieser kleine Fehler wird sonst kaum jemandem aufgefallen sein.
- ☐ **B:** Per E-Mail versende ich eine neue, korrigierte Version als PDF-Datei und lege gleichzeitig ein Infoblatt mit den besten Anfahrtsmöglichkeiten dazu.
- ☐ **C:** Im Sinne einer Erinnerungs-E-Mail versende ich noch am gleichen Tag ein Vorbereitungsrätsel. Diese beinhaltet zwei Fotos: eines von einem »Begrüßungs-Affen« und eines von einem »Begrüßungs-Kaffee«, zusammen mit der Aufforderung: »Finden Sie die 10 Unterschiede. Die Auflösung gibt es bei der Veranstaltung.«
- ☐ **D:** Ich besorge mir für den Anlass einen großen Plüschaffen in kaffeebraunen Farben und hänge ihm ein symbolisches »K« um den Hals. Am Tag der Veranstaltung sitzt der Affe inmitten der Kaffeetassen und begrüßt die ankommenden Teilnehmenden. Der Affe wird das neue Maskottchen der Gilde und die Teilnehmer können während der Tagung Namensvorschläge unterbreiten. Einzige Bedingung: er muss mit einem »K« beginnen.

Situation 3: Ein Trumpf im Ärmel

Sie arbeiten in einer Bankfiliale in einer mittelgroßen Ortschaft am Kundenschalter. Ein leicht verärgerter Kunde wendet sich an Sie, weil es ihm anscheinend schon zum zweiten Mal in dieser Woche die Bankkarte am Automaten eingezogen hat (es liegt kein Bedienungsfehler vor). Wie verhalten Sie sich gegenüber dem Kunden?

☐ **A:** Ich verlange Ausweise und Papiere, um seine Identität festzustellen. Nach Erhalt seiner Unterschrift händige ich ihm seine eingezogene Karte aus.

☐ **B:** »Aller guten Dinge sind drei, Herr Keller. Falls Ihnen dies also ein drittes Mal passieren sollte, bestelle ich gerne eine kostenlose Ersatzkarte für Sie!«

☐ **C:** »Eine Karte wurde Ihnen eingezogen – zwei Karten bekommen Sie von mir zurück. Die erste ist Ihre Bankkarte, die Ihnen in der Regel gute Dienste erweist. Und die zweite ist meine Visitenkarte für Sie, zusammen mit einem Angebot für ein persönliches Beratungsgespräch, um Ihre Bankleistungen bei Gelegenheit genauer unter die Lupe zu nehmen.«

☐ **D:** »Herr Keller, heute ist Ihr Glückstag! Durch das Einziehen Ihrer Karte haben Sie gleich ein neues Kartenset gewonnen. Spielkarten in verschiedenen Varianten: Begeistern Sie sich eher für UNO, Jass- oder Pokerkarten? – Übrigens: hier ist noch ein zusätzlicher Trumpf für Sie: meine Visitenkarte, zusammen mit einem Angebot für ein persönliches Beratungsgespräch, um Ihre Bankleistungen bei Gelegenheit genauer unter die Lupe zu nehmen.«

Situation 4: Die Schlechtwettervariante

Diesmal finden Sie sich in der Rolle eines Servicemitarbeiters wieder. Sie bedienen die Gäste in einem Panoramarestaurant mit herrlicher Rund- und Weitsicht. Ein Ehepaar verbringt zur Feier der Perlenhochzeit (nach 30 Jahren) ein paar gemütliche Stunden im rustikalen Stübchen. Doch gerade am heutigen Tage drückt das sehr schlechte Wetter auf die Stimmung. Draußen schleichen Regenwolken und Nebelschwaden um die Restaurantmauern. Wie gelingt es Ihnen, diese Momente für die Gäste doch noch etwas aufzuheitern?

☐ **A:** Für das Wetter kann ich nichts. Mein Lächeln wirkt aber manchmal wie eine aufgehende Sonne ...

☐ **B:** Nachdem mein sonniges Gemüt und mein Sonnenaufgangslächeln die positive Wirkung während des Aufenthalts nicht verfehlt haben, übergebe ich dem Paar zum Abschied je eine kleine Sonnencreme mit den Worten: »Schön, wenn Sie bei Ihrem nächsten Besuch davon Gebrauch machen können. Ich freue mich, Sie bei Sonnenschein wieder willkommen zu heißen!«

☐ **C:** 30 Jahre Ehe bedeuten auch dreimal die Rosenhochzeit (nach 10 Jahren). Deshalb bastle ich aus roten Papierservietten drei kleine Rosen (Bastelanleitung siehe Kapitel 5) und übergebe diese mit der Nachricht, dass es hier oben nicht ganz so viele Sonnentage gibt wie in einer Ehe, die schon so lange Bestand hat.

☐ **D:** Zum Abschluss des Abends zeige ich dem Ehepaar auf meinem iPad die atemberaubende Panoramasicht bei Sonnenschein – gefilmt von ihrem Platz aus. Dazu übergebe ich dem Paar einen Gutschein für einen »Sunshine-Cocktail«, den es beim nächsten Besuch einlösen kann.

Situation 5: Parkplatzsorgen

Sie sind IT-Spezialist in einem großen Versicherungsunternehmen. Während Sie am firmeneigenen Empfang auf das Ausstellen eines Formulars warten, verfolgen Sie ein Gespräch eines aufgeregten Kunden, der sich mit einer Empfangsdame unterhält. »Schauen Sie, ich habe in 5 Minuten ein wichtiges Meeting und habe seit über 20 Minuten vergeblich nach einem freien Parkplatz gesucht ...« Die Dame scheint ihm keine Lösung anbieten zu können. Was tun Sie?

☐ **A:** Das gehört nun wirklich nicht zu meinen Aufgaben! Das nächste Mal soll er mit den öffentlichen Verkehrsmitteln anreisen. In der Stadt gibt es erfahrungsgemäß ein sehr begrenztes Parkplatzangebot.

☐ **B:** Mir ist da eine tolle Ausweichvariante bekannt, die ich meinen Kunden jeweils als Tipp angebe. Ich verrate ihm also, wo er mit größter Wahrscheinlichkeit noch eine Parkgelegenheit für seinen Wagen findet und biete ihm an, in der Zwischenzeit sein Material bereits ins Sitzungszimmer zu stellen.

☐ **C:** Da ich sowieso vorhatte, als Nächstes meinen Kunden vom Bahnhof abzuholen, biete ich dem Herrn meinen Mitarbeiterparkplatz an und bitte die Empfangsdame, den Sitzungsteilnehmern die kleine Verzögerung mitzuteilen. Meinen eigenen Wagen parke ich selbst nach meinem »Shuttle-Service« bei der Ausweichvariante.

☐ **D:** Ich gebe mich dem Herrn als Mitarbeiter des Unternehmens zu erkennen und überreiche ihm meine Visitenkarte. Zusammen mit dem Angebot, dass ich ihm meinen Mitarbeiterparkplatz zur Verfügung stelle und für ihn seinen Wagen umparke, sodass er rechtzeitig zum Meeting eintrifft. Im Wageninnern des Kunden deponiere ich für ihn den Lageplan für unser Haus, inklusive meinem Geheimtipp für die alternative Parkmöglichkeit für den nächsten Besuch.

Situation 6: Abschied für immer?

Ihr Aufgabenfeld als Leiter im Kundendienst eines Telekommunikationsunternehmens ist vielfältig und abwechslungsreich. Am meisten beschäftigt Sie die Situation, dass langjährige, treue Kunden ohne erkenntlichen Grund ihr Abonnement kündigen. Sie denken darüber nach und kommen zu folgender Entscheidung:

- ☐ **A:** Was interessiert mich der Weggang einzelner Kunden? Man soll solche Leute nicht aufhalten. Unsere Marketingaktivitäten führen automatisch zu Neukunden.
- ☐ **B:** Sie besprechen diese Situation in Ihrem Team. Gemeinsam erarbeiten Sie wirkungsvolle Fragestellungen, um von den weggehenden Kunden zu erfahren, was die Gründe der Kündigung sind. In einem zweiten Schritt entwerfen Sie Vorgehensweisen, um den am häufigsten genannten Punkten entgegenzuwirken.
- ☐ **C:** Nebst den unter Punkt B definierten Verhaltensweisen bedanken Sie sich bei jedem Kunden für seine Treue und beziffern die gemeinsame Kundenbeziehung in Anzahl von Monaten, die Sie für ihn als Telekommunikationspartner zur Seite standen.
- ☐ **D:** Natürlich beherzigen Sie das Verhalten aus den Punkten B und C. Bei langjährigen Kunden, die länger als eine definierte Anzahl Jahre auf Ihre Leistungen zählten, senden Sie eine Kündigungsbestätigung zu. In diesem Schreiben drücken Sie nochmals Ihr Bedauern aus und legen symbolisch ein Taschentuch dazu. Dies soll unterstreichen, dass dieser Verlust wirklich sehr traurig ist.

4 Standing Ovations

»We are the champions«

Als wir das Konzept für dieses Buch erarbeiteten, war eines von Beginn an klar: Das Kapitel Standing Ovations widmen wir den Menschen, Teams und Firmen, die Kundenverblüffung im Alltag leben. Inzwischen haben wir bereits über 200 Unternehmen und Teams maßgeschneidert auf dem Weg zur Kundenverblüffung unterstützt – und zudem erfahren wir immer wieder von verblüffenden Vorgehensweisen. Genau solche stellen wir Ihnen jetzt vor, als zusätzliche Inspiration und Anregung.

Herzlich willkommen zurück nach dem Urlaub!

Abbildung 15: Logo SBB RailAway

Wer verblüfft so?
Das Team von SBB RailAway – www.railaway.ch

Wie geht es?
Bei der Rückkehr aus den Ferien herrscht im Kühlschrank bekanntlich gähnende Leere. Deshalb füllt das Team von SBB RailAway diesen des Öfteren auf. Das heißt, es stellt Kunden oder Geschäftspartnern eine Einkaufstasche mit feinen Leckereien, zum Beispiel für einen Sonntags-Brunch, vor die Haustür – just am Tag der Rückkehr aus den Ferien. Ein fünfköpfiges Team (eine Person pro Abteilung) bespricht das Thema Kundenverblüffungen regelmäßig. Neue Ideen werden immer wieder in Brainstormings gesammelt.

Ihr persönlicher Service- und Reparaturfachmann

Abbildung 16: Persönlicher Gruß des Monteurs

Wer verblüfft so?
Das Team vom Auto-Center Benno Müller – www.bmueller.ch

Wie geht es?
Wenn ein Auto zum Abschluss einer Reparatur oder eines Inspektionstermins für die Rückgabe an den Kunden vorbereitet wird, hängt der verantwortliche Kundendienstmitarbeiter eine ganz besondere »Parkscheibe« an den Innenspiegel. Auf dieser Scheibe sind die Fotos der Mitarbeiter gedruckt – so erfährt der Kunde, wer die Arbeit an seinem Auto geleistet hat. Das entsprechende Teammitglied unterschreibt auf der Parkscheibe und gibt so der geleisteten Arbeit »ein Gesicht«.

Persönliche Korrespondenzkarten

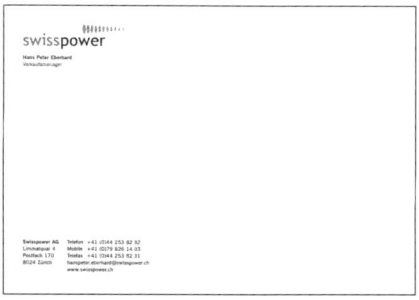

Abbildung 17: Swisspower AG

Wer verblüfft so?
Das Team der Swisspower AG – www.swisspower.ch

Wie geht es?
Um Kunden und Geschäftspartner wertzuschätzen, hat das Swisspower-Team persönliche Korrespondenzkarten gedruckt. Diese werden immer von Hand geschrieben. So transportiert die Karte beispielsweise den Dank für den guten Austausch an einem spannenden Geschäftstermin. Postkarten landen meist direkt auf dem Schreibtisch der Adressaten, und die Handschrift zeigt, dass man sich persönlich Zeit für diese schöne Geste genommen hat.

Bunter Frühlingssalat

schoch_treuhand_team

Abbildung 18: Logo STT Schoch Treuhand Team AG

Wer verblüfft so?
Das Team der STT Schoch Treuhand Team AG – www.stt.ch

Wie geht es?
Kunden ein Geschenk vorbeibringen kann jeder. Das Team von STT hat sich rund um die alljährliche Frühlingsüberraschung für die Kunden etwas Besonderes überlegt: Gemeinsam wird ein Rezept kreiert, ausprobiert und mit einem kleinen Geschenk abgeben. 2010 war dies das Rezept für einen bunten Frühlingssalat. Zusammen mit der passenden Kräutermischung wird es den Kunden zugeschickt. Das Team von STT kümmert sich eben wirklich um das Wohl der Kunden.

Bunter Frühlingssalat

150 g frischen jungen Spinat und 150 g Rucola putzen, gründlich waschen und trocken schleudern. 2 Karotten schälen und in feine Streifen raspeln. Eine halbe Salatgurke in Scheiben hobeln. 1 rote Paprikaschote waschen, entkernen und in dünne Streifen schneiden. 15 Kirschtomaten waschen und halbieren. Alle diese Zutaten in einer Schüssel miteinander vermischen.

Für das Dressing feine Frühlingskräuter mit 2 Esslöffeln Olivenöl, 4 Esslöffeln Limonenöl und 2 Esslöffeln Balsamico-Essig verrühren, mit Salz und Pfeffer aus der Mühle würzen. Das Dressing über den Salat geben und gut durchmischen.

200 g frische Champignons putzen, in Scheiben schneiden, salzen und pfeffern und in etwas Olivenöl in einer Pfanne kurz braten. Ein Stück Parmesan mit einem Gemüsehobel dünn hobeln und mit den warmen Pilzen über den Salat geben.

Mama- und Papa-Service

Abbildung 19: Logo Best Western Hotels

Wer verblüfft so?
Das Team der Best Western Hotels Deutschland – www.bestwestern.de

Wie geht es?
In vielen Best-Western-Hotels oder an Best-Western-Messeständen können Gäste und Kunden sich am »Mama- und Papa-Service-Stand« eine Kleinigkeit als Mitbringsel für die Kinder aussuchen. Zur Auswahl stehen kleine Spiele, Plüschtiere, Malblöcke oder Kinderbücher. Bei den Geschäftsreisenden, die in der Regel einen strengen Zeitplan und somit zu wenig Zeit für einen Einkauf haben, kommt diese überraschende Dienstleistung sehr gut an.

Wir freuen uns – Terminbestätigung

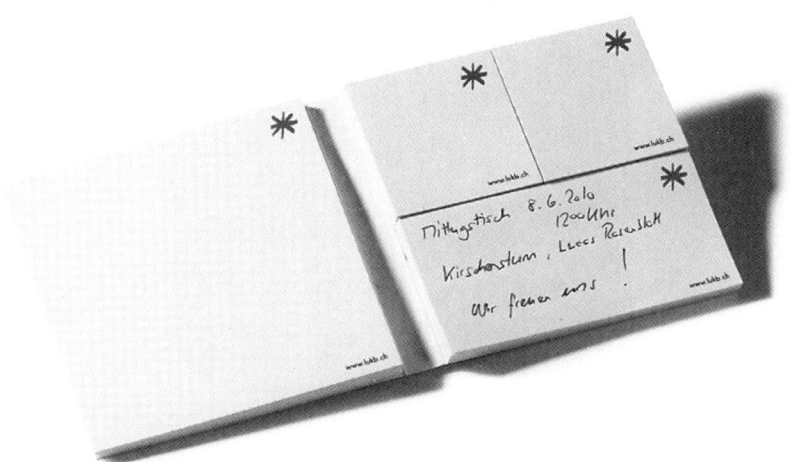

Abbildung 20: Terminbestätigung mal anders

Wer verblüfft so?
Ein Filialteam der Luzerner Kantonalbank – www.lukb.ch

Wie geht es?
Wer einen Kunden zum Mittagessen trifft, bestätigt diesem in aller Regel den Termin einige Tage vorab. Das Team in Meggen versendet dafür keine E-Mail, sondern einen Post-it-Block. Auf diesem sind Ort und Zeitpunkt von Hand notiert – mit einem herzlichen »Wir freuen uns!« Diese etwas andere Art der Terminbestätigung kommt gut an, und der Post-it-Block schafft noch dazu einen kleinen Kundennutzen.

Wenn der Regenwurm im Hotelzimmer wohnt

FAMILOTEL HOCHSCHWARZWALD

Abbildung 21: Logo Feldberger Hof

Wer verblüfft so?
Das Team des Hotels Feldberger Hof – www.feldberger-hof.de

Wie geht es?
Seit dem Frühjahr 2010 wartet auf die jungen Gäste ein besonders Highlight: Jedes Kind erhält einen eigenen Regenwurm zugeteilt, für den es während des Urlaubs verantwortlich ist. Das bedeutet, das Tier wird mit ins Hotelzimmer genommen, es wird dort gefüttert und sein »Zuhause« (das Aufbewahrungsgefäß) ist zu pflegen. Der Wurm wird im Rahmen einer kleinen Zeremonie getauft – Tier und Kind erhalten sogar eine Taufurkunde. An besonderen »Erdtagen« vermitteln ausgebildete Kinderbetreuer alles Wissenswerte über Regenwürmer und deren natürlichen Lebensraum. Zum Ende der Ferien werden die Regenwürmer zum Lied »Hört ihr die Regenwürmer husten« wieder in die Natur des Südschwarzwalds entlassen. Die Kinder sind begeistert und zusätzlich werden Verantwortungsgefühl und naturwissenschaftliches Interesse geweckt.

Entspannungsfußbad im Business-Meeting

Abbildung 22: Logo Dropa Management

Wer verblüfft so?
Das Team von Dropa Management – www.dropa.ch

Wie geht es?
Das Dropa-Team bietet Kunden bei Sitzungen und Meetings in den Dropa-Räumlichkeiten zum Auftakt ein entspannendes, prickelndes Fußbad an. Im heißen Sommer mit einem kühlenden und belebenden Wasserzusatz und im Winter ein warmes Bad mit wohlriechenden Düften. Dazu werden kleine Waschbecken und flauschige Handtücher vorbereitet. Erst nach dem Eintreffen der Kunden wird dann das Wasser ins Sitzungszimmer getragen und mit dem prickelnden Wasserzusatz nach Wahl versehen. Die Kunden reagieren zuerst sehr überrascht, fast schon ungläubig. Nur mit etwas Zurückhaltung entledigen sie sich dann ihrer Schuhe und Strümpfe, bevor sie die Füße ins wohltuende Wasser tauchen. Daraufhin verwandelt sich das Gesicht in eine Relax-Landschaft. Besonderes Highlight: In einem Meeting ließ es sich ein Kunde nicht nehmen, barfuß mit elegantem Anzug am Flipchart stehend seine Präsentation zu halten. Für alle Teilnehmenden eine unvergessliche, heitere Erinnerung.

Welcome-Back-Karte

Abbildung 23: Logo Valiant Bank

Wer verblüfft so?
Ein Filialteam der Valiant Bank – www.valiant.ch

Wie geht es?
Das Team der Filiale in Toffen »verwickelt« Kunden, die am Bankschalter Fremdwährungen wechseln, in ein Gespräch, um herauszufinden, wohin sie reisen und wann sie wieder aus den Ferien zurückkommen. Anschließend stellt es ein Rezept für ein landestypisches Menü zusammen und versendet dieses genau zum Rückreisetermin der Kunden. Per Brief heißt es die Kunden herzlich willkommen zu Hause. Die Kunden freuen sich sehr über diese kleine Überraschung und kommen sich oft sogar persönlich bedanken.

Gute (Rück-)Reise

Abbildung 24: Logo Hotel Montana

Wer verblüfft so?
Das Team des Art Deco Hotel Montana – www.hotel-montana.ch

Wie geht es?
Das Team dieses Hotels denkt auch über den Aufenthalt hinaus an die eigenen Hotelgäste: So erhalten beispielsweise Familien, die Richtung Flughafen abreisen, ein Überraschungspäckchen, das die Reisezeit versüßt. Darin finden sich beispielsweise Erfrischungstüchlein, ein kleines Reisespiel, Malstifte, Gummibärchen und so weiter.

Hier fehlt ein Knopf

Abbildung 25: Logo Textilreinigung Würzenbach

Wer verblüfft so?
Das Team der Textilreinigung Würzenbach – www.textilreinigung.ch

Wie geht es?
Immer wieder kann es vorkommen, dass an Hemden oder Blusen nach dem Reinigen ein Knopf fehlt. Genau auf diese Situation ist das Reinigungsteam vorbereitet. Wird der Knopf gefunden, wird er wieder angenäht. Ist der Knopf wie vom Erdboden verschluckt, genügt meistens ein Griff in eine große Auswahl an Reserveknöpfen. In beiden Fällen wird der Kunde durch eine sympathische Notiz informiert, die am Knopf befestigt wird.

Namenstaufe einmal anders (1)

Abbildung 26: Logo von Roche Diagnostics

Wer verblüfft so?
Das Team von Roche Diagnostics – www.roche.com

Wie geht es?
Viele Kunden haben zu den Diagnosegeräten, die sie hier erwerben, eine spezielle Beziehung. Schließlich arbeiten sie im Alltag sehr viel damit. Um diese positive Beziehung auszubauen, hat das Team von Roche Diagnostics in Rotkreuz/CH einen Taufservice eingeführt. Das Gerät erhält einen Namen, der vom Kunden ausgesucht wird. Dann wird eine kleine Namenstafel produziert, die dem Kunden persönlich übergeben wird. Zum 1. Geburtstag erhält das Gerät zudem eine Geburtstagskarte mit einem kleinen Geschenk: für die Kunden eine willkommene Abwechslung und eine Geste der Wertschätzung. Oft bringt ein Außendienstmitarbeiter zudem noch eine Taufurkunde zum Kunden – so können Innen- und Außendienst Kunden sogar gemeinsam verblüffen.

Namenstaufe einmal anders (2)

Abbildung 27: Logo Kartause Ittingen

Wer verblüfft so?
Das Team der Kartause Ittingen – www.kartause.ch

Wie geht es?
Die Kartause Ittingen ist eine einmalige Hotelanlage, die eher einem Dorf gleicht. Der früher als Kloster genutzte Betrieb hat beispielsweise eine eigene Tierzucht. Seminargruppen können etwas ganz Besonderes erleben – nämlich eine Kälbertaufe. So manches Seminar wurde zum Highlight, weil die Teilnehmer gemeinsam ein noch junges Kalb tauften und so ein einmaliges Erlebnis mit dem Seminar verbunden haben.

Eine Hundetankstelle auf 1.900 Metern

Abbildung 28: Logo der Stanserhorn-Bahnen

Wer verblüfft so?
Das Team der Stanserhorn-Bahnen – www.stanserhorn.ch

Wie geht es?
Nicht nur Wanderer sind müde, wenn sie diesen wunderschönen Gipfel erreichen, sondern auch Vierbeiner. Das Team des Dreh-Restaurants auf dem Stanserhorn hat eine Hundetankstelle eingerichtet, wo die Hunde sich frei nach Schnauze bedienen können.

Habe an dich gedacht ...

Abbildung 29: Logo des Hotels Bergsonne

Wer verblüfft so?
Das Team des Hotels Bergsonne – www.bergsonne.ch

Wie geht es?
Gäste des Hotels Bergsonne finden in ihrem Hotelzimmer eine bereits frankierte Postkarte. Diese können sie Freunden oder der Familie versenden – nur noch schreiben und ab in die Post. Diese feine und unerwartete Überraschung schätzen die Gäste sehr. Und für das Hotel ist es eine Geste, die sogar noch Weiterempfehlungen fördert.

Gut im Bett!

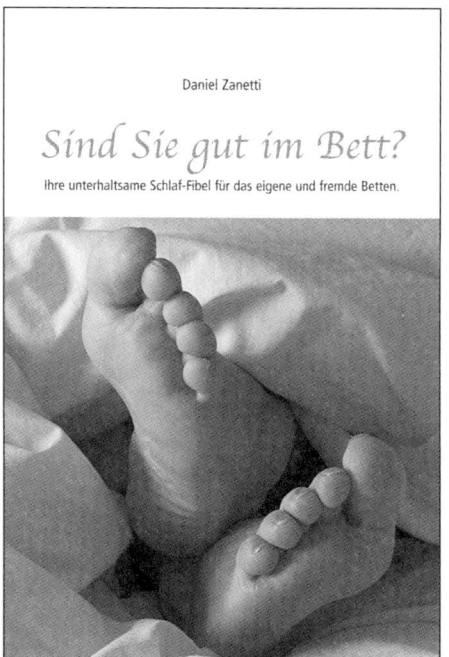

Abbildung 30: Sind Sie gut im Bett?

Wer verblüfft so?
Das Team von Bettenstudio Nolten – www.bettenstudio-nolten.de

Wie geht es?
Kunden, die in diesem Bettenhaus ein Bett kaufen, finden nach dem Liefern des Betts in diesem eine kleine Überraschung. Nämlich das Büchlein *Sind Sie gut im Bett?*. Der Titel regt zum Schmunzeln an und das Buch ebenfalls. Es entpuppt sich nämlich als ein Büchlein mit Geschichten und Tipps rund um einen gesunden und erholsamen Schlaf.

Bingo!

Abbildung 31: Logo von pom+

Wer verblüfft so?
Das Team der pom+ – www.pom.ch

Wie geht es?
Immer wieder bildet das Team dieser Immobilien-Management-Firma
eigene Kunden aktiv weiter. Das Ziel lautet: die Zusammenarbeit optimieren, indem beide Seiten den Managementprozess gut verstehen.
Der Workshop, in dem dies geschieht, kommt bei den Kunden verblüffend gut an. Denn anstelle von Frontalunterricht und nicht enden
wollenden PowerPoint-Präsentationen führt pom+ während des Workshops ein Bingo-Spiel durch. Immer wieder werden Lerninhalte in der
Form des Bingo-Spiels vermittelt oder wiederholt. Als Kugeln dienen kleine Luxemburgerli, das ist eine süße Delikatesse von Lindt &
Sprüngli. Jeder Teilnehmer erhält zum Abschluss einige Luxemburgerli
und das Gewinnerteam sogar die doppelte Menge. Alles in allem eine
Weiterbildung, die verblüffend viel Spaß macht.

Ein Bild sagt mehr als tausend Worte (1)

Abbildung 32: Kundenbrief der Vivao Sympany AG

Wer verblüfft so?

Das Kundenbetreuungsteam der Vivao Sympany AG – www.vivaoSympany.ch

Wie geht es?

Diese Verblüffung geht ganz einfach, braucht allerdings ein wenig Vorbereitung – und den Willen, sich in der Korrespondenz positiv von anderen Unternehmen abzuheben. Die Vivao Sympany hat die Kundendienstteams fotografiert und scannt diese Fotos in die Briefe ein, die Kunden erhalten. An der Stelle, wo manche Bank und manche Versicherung »Briefe ohne Unterschrift« versenden, sieht der Kunde bei der Vivao Sympany auf dem Brief, mit wem er es zu tun hat. Viele Kunden sprechen dies aktiv an und der Dialog wird so auf sympathische Art und Weise gefördert.

Ein Bild sagt mehr als tausend Worte (2)

Abbildung 33: Logo von BMC

Wer verblüfft so?

Außendienstmitarbeiter von bmc-racing – www.bmc-rading.ch

Wie geht es?

Neuakquisition von Kunden gehört auch für einen so bekannten Fahrradhersteller wie BMC dazu, und umgesetzt wird dies vor allem vom Außendienstteam. Das Team hat eine schöne Idee entwickelt, um Kunden verblüffend gut auf die sogenannte Kaltakquisition (Besuche ohne Voranmeldung) vorzubereiten. Sie schießen ein Foto des Fahrradgeschäfts, mit dem BMC noch nicht zusammenarbeitet. Das Foto senden sie an den Besitzer oder Geschäftsführer, begleitet von einer schönen Postkarte. »Auf diesem Foto fehlt ganz eindeutig noch das BMC Logo – mit viel Elan kommen wir in den nächsten Tagen auf einen Besuch zu Ihnen, um Sie für uns zu gewinnen. Auf bald!«

Ein Notenständer als Parkplatzschild

SFB services4banks AG

Abbildung 34: Logo von Services for banks

Wer verblüfft so?
Das Team von Services for banks – www.services4banks.ch

Wie geht es?
Wenn Kunden das Team von Services for banks besuchen, treffen Sie auf dem Firmenparkplatz oft einen Notenständer an, der als Parkplatzreservierung dient. Darauf stehen ein fröhlich formulierter Begrüßungstext und die Information, dass dieser Parkplatz für den Kunden XY reserviert ist. Das ist meistens eine tolle Überraschung. Warum wird der Parkplatz oft »nur so« reserviert? Ganz einfach: Bei Regen ist es auf Außenparkplätzen nicht so empfehlenswert.

5 Aftershow-Party

»The Show must go on«

Best of Weekly Empowerments

Abbildung 35: The Weekly Empowerment!

Kundenverblüffung ist auch eines der Hauptthemen beim »Weekly Empowerment Innovations-Letter«. Diesen Newsletter versenden wir seit 10 Jahren jeden Freitag um 14 Uhr. Mittlerweile wird er in 54 Ländern gelesen, und zwar von mehr als 40.000 Menschen.
Einige Newsletter, die besonders viele Reaktionen auslösten, hängen wir Ihnen hier sehr gern an. Genießen Sie die Tipps!

Visitenkarten-Jahrestage

The Weekly Empowerment

Visitenkarten-Jahrestage

Visitenkarten sind im Geschäftsalltag ein ganz klein bisschen auf dem absteigenden Ast. Die Ursache dafür ist der Einsatz elektronischer Medien. Dennoch werden sie nie wegzudenken sein, und das ist gut so.

Ich selbst bin ein Fan von Visitenkarten. Ich meine die richtigen, die gedruckten, die man sich gegenseitig übergibt. Und das nicht nur, weil sie in Meetings mit zahlreichen Teilnehmern die einfachste Hilfe sind, um die Namen den Menschen zuzuordnen. Nein, mittlerweile nutze ich sie noch auf eine weitere Art:

Ich notiere den Tag des Kennenlernens auf die Rückseite und dazu gleich noch Informationen zur Person, die ich behalten möchte. Dies hilft mir, die Kundendatenbank „zu füttern" und erst recht, den Tag des Kennenlernens später überhaupt zu wissen. Dieser Kennenlerntag ist nicht nur im privaten Umfeld wichtig – nein, er kann Pepp und positive Überraschungen in Kundenbeziehungen bringen.

Wie?

- Mal sende ich eine Postkarte mit Grüssen zum Jahrestag.
- Ein andermal frage ich am Jahrestag überraschend nach der Zufriedenheit eines Kunden.
- In anderen Fällen unternehme ich zum Jahrestag nichts spezielles, aber nur schon durch den Gedanken an den Kunden fällt mir ein passender nächster Kontakt ein.

Bringen Sie in Ihre Visitenkarten-Sammlung doch auch ein bisschen Schwung hinein und damit gleichzeitig in einige Kundenbeziehungen.

Aufgestellte Grüsse aus der Zentralschweiz!

Jörg Neumann
joerg@nzp.ch

Schenken Sie Wissen mit Wirkung weiter! Anmeldungen via http://www.nzp.ch

Abbildung 36: Visitenkarten – Jahrestage

Visitenkarten sind im Geschäftsalltag ein ganz klein bisschen auf dem absteigenden Ast. Die Ursache dafür ist der Einsatz elektronischer Medien. Dennoch werden sie nie wegzudenken sein, und das ist gut so. Ich selbst bin ein Fan von Visitenkarten. Ich meine die richtigen, die gedruckten, die man sich gegenseitig übergibt. Und das nicht nur, weil

sie in Meetings mit zahlreichen Teilnehmern die einfachste Hilfe sind, um die Namen den Menschen zuzuordnen. Nein, mittlerweile nutze ich sie noch auf eine weitere Art: Ich notiere den Tag des Kennenlernens auf die Rückseite und dazu gleich noch Informationen zur Person, die ich behalten möchte. Dies hilft mir, die Kundendatenbank zu füttern, und erst recht, den Tag des Kennenlernens später überhaupt zu erinnern. Dieser Kennenlerntag ist nicht nur im privaten Umfeld wichtig – nein, er kann Pep und positive Überraschungen in Kundenbeziehungen bringen.
Wie?

- Mal sende ich eine Postkarte mit Grüßen zum Jahrestag.
- Ein andermal frage ich am Jahrestag überraschend nach der Zufriedenheit eines Kunden.
- In anderen Fällen unternehme ich zum Jahrestag nichts Spezielles, aber allein durch den Gedanken an den Kunden fällt mir ein passender nächster Kontakt ein.

Bringen Sie in Ihre Visitenkartensammlung doch auch ein bisschen Schwung und damit gleichzeitig in einige Kundenbeziehungen.

Aufgestellte Grüße aus der Zentralschweiz!

Jörg Neumann

Verblüffende Inszenierungen

The Weekly Empowerment

Verblüffende Inszenierungen

Mit dem Buch Kundenverblüffung fing es im Jahr 2003 an. Mittlerweile haben über 250 Unternehmen Ihren Kundenorientierungs- Spirit mit uns von Grund auf optimiert und somit ihre Kunden begeistert.

Schön, wenn die folgenden Kundenverblüffungs-Ideen Sie zu neuen Taten im eigenen Unternehmen anregen.

Als Kunde oder Kundin sparen auch Sie vielleicht hier und da einmal auf eine grössere Anschaffung hin. Und ob Sie nun sparen müssen oder nicht: grosse Anschaffungen sind meistens nichts Alltägliches.

Die Lieferzeit verstreicht und die Vorfreude steigt. Am „Tag der Übergabe" erhalten Sie Ihren lang ersehnten kleinen Traum jedoch oft ziemlich emotionslos überreicht. Immer mehr Firmen machen aus diesem besonderen Moment mehr. Sie setzen auf echte Wertschätzung gegenüber den Kunden und werten damit auch das Produkt auf. Hier einige Beispiele:

- In einem Hotel wird der Schlüssel zur Suite auf einem samtenen Kissen überreicht. Noch dazu trägt der Schlüssel-Anhänger den Namen der Gäste.

- Ein Maler „versiegelt" den frisch gestrichenen Wohnraum mit einem roten, edlen Band. Sie als Kunde dürfen den Raum mit dem „Durchschneiden des Bandes" offiziell eröffnen. Eine gekonnte Inszenierung wirkt auf jeden Fall aufwertend!

- Autohändler einer Premium-Marke bedecken Neuwagen, die an Kunden übergeben werden, mit einem schönen Seidentuch. Die Kunden dürfen dann, so wie die Formel 1 Stars es oft im Fernsehen mit ihren Bolliden tun, den Wagen enthüllen. Dazu läuft noch schöne Musik.

Wie angemessen und verblüffend präsentieren Sie Ihre Produkte?

Topp motivierte Grüsse aus Meggen

Philip Eicher
philip@nzp.ch

Schenken Sie Wissen mit Wirkung weiter! Anmeldungen via http://www.nzp.ch

Abbildung 37: Verblüffende Inszenierungen

Mit dem Buch *Kundenverblüffung* fing es im Jahr 2003 an. Mittlerweile haben über 250 Unternehmen Ihren Kundenorientierungs-Spirit mit uns von Grund auf optimiert und somit ihre Kunden begeistert. Schön, wenn die folgenden Kundenverblüffungsideen Sie zu neuen Taten im eigenen Unternehmen anregen.

Als Kunde oder Kundin sparen auch Sie vielleicht hier und da einmal auf eine größere Anschaffung hin. Und ob Sie nun sparen müssen oder nicht: große Anschaffungen sind meistens nichts Alltägliches.

Die Lieferzeit verstreicht und die Vorfreude steigt. Am »Tag der Übergabe« erhalten Sie Ihren lang ersehnten kleinen Traum jedoch oft ziemlich emotionslos überreicht. Immer mehr Firmen machen aus diesem besonderen Moment mehr. Sie setzen auf echte Wertschätzung gegenüber den Kunden und werten damit auch das Produkt auf. Hier einige Beispiele:

- In einem Hotel wird der Schlüssel zur Suite auf einem samtenen Kissen überreicht. Noch dazu trägt der Schlüsselanhänger den Namen der Gäste.
- Ein Maler versiegelt den frisch gestrichenen Wohnraum mit einem roten, edlen Band. Sie als Kunde dürfen den Raum mit dem Durchschneiden des Bandes offiziell eröffnen. Eine gekonnte Inszenierung wirkt auf jeden Fall aufwertend!
- Autohändler einer Premiummarke bedecken Neuwagen, die an Kunden übergeben werden, mit einem schönen Seidentuch. Die Kunden dürfen dann, so wie die Formel-1-Stars es oft im Fernsehen mit ihren Boliden tun, den Wagen enthüllen. Dazu läuft noch schöne Musik.

Wie angemessen und verblüffend präsentieren Sie Ihre Produkte?

Topmotivierte Grüße aus Meggen

Philip Eicher

Gute Nachrichten

The Weekly Empowerment

Gute Nachrichten

Ein bisschen was braucht es schon, bis Nancy Huber sich über eine Leistung oder ein Produkt schriftlich beschwert. Im Sommer 2009 ist es aber soweit, denn in einer einzigen Packung Windeln funktioniert bei mindestens 6 Exemplaren der Verschluss nicht. „Bei dem Preis! Das gibt's doch nicht" denkt sie sich.

Sie packt zwei Windeln in ein Couvert, schreibt von Hand dazu, wie sehr sie das ärgert und sendet das Ganze an den Detailhändler. Dieser reagiert prompt. Nur zwei Tage später erhält sie einen Anruf – ihre Reklamation werde bearbeitet und sie höre innerhalb einer Woche wieder was. 5 weitere Tage vergehen, dann kommt ein Paket an. Darin findet sie einen Brief und einen riesigen Berg Windeln.

Der Brief allerdings startet schlecht. „IHRE REKLAMATION". Im ersten Satz bleiben beim Lesen folgende Wörter hängen: „Leider"/ „Bedauern"/ „Mühe". Nancy Huber ist unschlüssig. Worum geht es? Und vor allem: Was war nun mit den Windeln? Ist ihre Packung eine Ausnahme gewesen? Wie reagiert der Lieferant?

Als sie den Brief zu Ende liest, wird die Aussage allmählich klar: Sie hat geholfen, einen Fabrikationsfehler aufzudecken und als Geschenk erhält sie ein Riesenpaket Windeln. „Sehr schade, dass der Brief so negativ anfängt und klingt, beinahe hätte ich ihn gar nicht richtig gelesen." – denkt sie sich.

Da kann ich Nancy Huber nur recht geben.
Warum werden Reklamationen so oft in negativer Sprache beantwortet?

Mein Tipp: Wenn Sie für einen Kunden gute Nachrichten haben, schreiben Sie dies bereits in die Betreffzeile. Das macht mehr Lust aufs Lesen. Und wenn Sie dann noch sparsam mit „Leider, Bedauern, Mühe, müssen & Co" umgehen, dann treffen Sie den Ton auch in Reklamations-Antworten.

Aufgestellte Grüsse aus der Kundenorientierungs-Zentrale in Meggen,

Jörg Neumann
joerg@nzp.ch

Schenken Sie Wissen mit Wirkung weiter! Anmeldungen via http://www.nzp.ch

Abbildung 38: Gute Nachrichten

Ein bisschen was braucht es schon, bis Nancy Huber sich über eine Leistung oder ein Produkt schriftlich beschwert. Im Sommer 2009 ist es aber so weit, denn in einer einzigen Packung Windeln funktioniert bei mindestens sechs Exemplaren der Verschluss nicht. »Bei dem Preis! Das gibt's doch nicht!«, denkt sie sich.

Sie packt zwei Windeln in einen Umschlag, schreibt von Hand dazu, wie sehr sie das ärgert und sendet das Ganze an den Einzelhändler. Dieser reagiert prompt. Nur zwei Tage später erhält sie einen Anruf – ihre Reklamation werde bearbeitet und sie höre innerhalb einer Woche wieder was. Fünf weitere Tage vergehen, dann kommt ein Paket an. Darin findet sie einen Brief und einen riesigen Berg Windeln.

Der Brief allerdings startet schlecht. »Ihre Reklamation«. Im ersten Satz bleiben beim Lesen folgende Wörter hängen: »Leider«, »Bedauern«, »Mühe«. Nancy Huber ist unschlüssig. Worum geht es? Und vor allem: Was war nun mit den Windeln? Ist ihre Packung eine Ausnahme gewesen? Wie reagiert der Lieferant?

Als sie den Brief zu Ende liest, wird die Aussage allmählich klar: Sie hat geholfen, einen Fabrikationsfehler aufzudecken, und als Geschenk erhält sie ein Riesenpaket Windeln. »Sehr schade, dass der Brief so negativ anfängt und klingt, beinahe hätte ich ihn gar nicht richtig gelesen«, denkt sie sich.

Da kann ich Nancy Huber nur recht geben. Warum werden Reklamationen so oft in negativer Sprache beantwortet? Mein **Tipp:** Wenn Sie für einen Kunden gute Nachrichten haben, schreiben Sie dies bereits in die Betreffzeile. Das macht mehr Lust aufs Lesen. Und wenn Sie dann noch sparsam mit Leider, Bedauern, Mühe, müssen & Co umgehen, dann treffen Sie den richtigen Ton auch in Reklamationsantworten.

Aufgestellte Grüße aus der Kundenorientierungszentrale in Meggen,

Jörg Neumann

Ein Satz, den Kunden öfter hören sollten

NeumannZanetti & Partner
The Empowerment Company

The Weekly Empowerment

Ein Satz, den Kunden öfters hören sollten

In vielen Telefon-Trainings, die ich durchführe, wird live telefoniert. Mal rufen wir einen Mitbewerber unseres Kunden an – ein andermal prüfen wir vielleicht kurz und bündig den Telefonservice von vermeintlich starken Unternehmen. So auch in einem massgeschneiderten Workshop, den ich für einen Stammkunden aus der Krankenversicherungs-Branche durchführte.

„Ruf doch mal bei deiner Versicherung an", schlug eine Teilnehmerin dieses Workshops vor. Gesagt, getan. Vorab rüstete ich mich mit meiner Versichertenkarte inklusive Versichertennummer und Hotline-Nummer aus. In weiser Voraussicht auf das, was mich am anderen Ende erwartete:

- „Drücken Sie 1 für Deutsch."
- „Geben Sie Ihre Versicherten-Nummer ein."

Sie kennen diese Situation. Dieses Entree in ein Telefonat macht mich oft ein wenig ungeduldig. „Wann spreche ich endlich mit dem ersten richtigen Mitarbeiter, mit einem Menschen aus Fleisch und Blut?"
Relativ schnell war es so weit. Am anderen Ende hörte ich eine sympathische Frauenstimme. Ich stellte meine Frage und bekam eine kompetente Antwort. Die Leistung am Telefon war gut und die Gesprächsatmosphäre freundlich. Der Anruf war um ein Haar bereits beendet, da kam er, der Satz den Kunden öfters hören sollten.

Denn die Mitarbeiterin verabschiedete mich nicht einfach. Nein, Sie sprach mich nochmals an. „Frau Lüthi, ich sehe, Sie sind bereits seit Ihrer Geburt bei uns versichert.

„Herzlichen Dank für Ihre Kundentreue."

Ich war baff. Und positiv verblüfft. Der Satz kam wie aus heiterem Himmel – und entfaltete eine sagenhafte Wirkung. Diese positive Überraschung stand auch den zwölf Workshop-Teilnehmern ins Gesicht geschrieben. Diese hatten fleissig mitnotiert. Das erste was ich anstatt der Stärken-Schwächen-Analyse zu hören bekam, lautete so:

„Waaas!? Die machen so was tatsächlich?!"

Dieses Telefonat nutze ich heute noch oft als Best Practice Beispiel, um aufzuzeigen, dass verblüffend gut telefonieren viel mit ehrlich gemeinter Wertschätzung zu tun hat, die der Kunde spürt.

Fröhliche Grüsse!

Andrea Lüthi
andrea@nzp.ch

Schenken Sie Wissen mit Wirkung weiter! Anmeldungen via http://www.nzp.ch

Abbildung 39: Ein Satz, den Kunden öfters hören sollten

In vielen Telefontrainings, die ich durchführe, wird live telefoniert. Mal rufen wir einen Mitbewerber unseres Kunden an – ein andermal prüfen wir vielleicht kurz und bündig den Telefonservice von vermeintlich starken Unternehmen. So auch in einem maßgeschneiderten Workshop, den ich für einen Stammkunden aus der Krankenversicherungsbranche durchführte.

»Ruf doch mal bei deiner Versicherung an«, schlug eine Teilnehmerin dieses Workshops vor. Gesagt, getan. Vorab rüstete ich mich mit meiner Versichertenkarte inklusive Versichertennummer und Hotlinenummer aus. In weiser Voraussicht auf das, was mich am anderen Ende erwartete:

- »Drücken Sie 1 für Deutsch.«
- »Geben Sie Ihre Versichertennummer ein.«

Sie kennen diese Situation. Dieses Entree in ein Telefonat macht mich oft ein wenig ungeduldig. Wann spreche ich endlich mit dem ersten richtigen Mitarbeiter, mit einem Menschen aus Fleisch und Blut? Relativ schnell war es so weit. Am anderen Ende hörte ich eine sympathische Frauenstimme. Ich stellte meine Frage und bekam eine kompetente Antwort. Die Leistung am Telefon war gut und die Gesprächsatmosphäre freundlich.

Der Anruf war um ein Haar bereits beendet, da kam er, der Satz, den Kunden öfter hören sollten. Denn die Mitarbeiterin verabschiedete mich nicht einfach. Nein, sie sprach mich nochmals an: »Frau Lüthi, ich sehe, Sie sind bereits seit Ihrer Geburt bei uns versichert. Herzlichen Dank für Ihre Kundentreue.«

Ich war baff. Und positiv verblüfft. Der Satz kam aus heiterem Himmel – und entfaltete eine sagenhafte Wirkung. Diese positive Überraschung stand auch den zwölf Workshop-Teilnehmern ins Gesicht geschrieben. Diese hatten fleißig mitnotiert. Das erste, was ich anstatt der Stärken-Schwächen-Analyse zu hören bekam, lautete: »Waaas!? Die machen so etwas tatsächlich?!«

Dieses Telefonat nutze ich heute noch oft als Best-Practice-Beispiel, um aufzuzeigen, dass verblüffend gut telefonieren viel mit ehrlich gemeinter Wertschätzung zu tun hat, die der Kunde spürt.

Fröhliche Grüße!

Andrea Lüthi

Lieblingssachen

The Weekly Empowerment

Lieblingssachen

Als ich noch in der Hotellerie arbeitete (zuletzt war ich von 1993 bis 1996 Geschäfts-leitungs-Mitglied der Bürgenstock Hotels), fragte ich meine Kunden immer gerne nach ihrem Lieblings-Hotel. Nahezu jeder Mann und jede Frau hatte eines und geriet so richtig ins Schwärmen und Erzählen. Ein guter Austausch auf einer sehr persönlichen Ebene war so ganz einfach.

Heute, fast 15 Jahre später, stelle ich fest, dass ich dies noch nie gefragt worden bin. Aber nicht nur in Hotels – mich hat auch noch kein Buchhändler nach meinem Lieb-lingsautor gefragt. Und kein Restaurantmitarbeiter nach meinem Lieblingsgericht. Da-bei stehen unsere Lieblingssachen doch so hoch im Kurs!

Deshalb lautet mein Tipp heute:

Wenn Sie viel Kundenkontakt haben und manchmal nicht so genau wissen, wie Sie ein Gespräch in Gang bringen, greifen Sie ruhig auf Fragen nach den Lieblingssachen zurück.

- Fragen Sie als Blumenhändler nach der Lieblingsblume Ihrer Kunden.
- Fragen Sie an einer Café-Bar nach dem Lieblingskaffee einer Kundin. Falls es ein ,Latte macchiato' ist, können Sie diesen zudem viel leichter verkaufen.
- Fragen Sie am Telefon nach dem Lieblings-Ferienort, wenn Sie hören, dass ein Kunde in die Ferien reist.
- Und fragen Sie unbedingt nach dem Lieblings-Club, wenn Sie hören, dass je-mand sich für Mannschaftssport begeistert.

Sie kriegen postwendend viel persönlichen Touch in Ihre Gespräche mit Kunden.

Lieblingsgrüsse aus der Kundenorientierungs-Zentrale in Meggen!

Jörg Neumann

Jörg Neumann
joerg@nzp.ch

Schenken Sie Wissen mit Wirkung weiter! Anmeldungen via http://www.nzp.ch

Abbildung 40: Lieblingssachen

Als ich noch in der Hotellerie arbeitete (zuletzt war ich von 1993 bis 1996 Geschäftsleitungsmitglied der Bürgenstock Hotels), fragte ich meine Kunden immer gerne nach ihrem Lieblingshotel. Nahezu jeder Mann und jede Frau hatte eines und geriet so richtig ins Schwärmen und Erzählen. Ein guter Austausch auf einer sehr persönlichen Ebene war so ganz einfach.

Heute, fast 15 Jahre später, stelle ich fest, dass ich dies noch nie gefragt worden bin. Aber nicht nur in Hotels – mich hat auch noch kein Buchhändler nach meinem Lieblingsautor gefragt. Und kein Restaurantmitarbeiter nach meinem Lieblingsgericht. Dabei stehen unsere Lieblingssachen doch so hoch im Kurs! Deshalb lautet mein Tipp heute: Wenn Sie viel Kundenkontakt haben und manchmal nicht genau wissen, wie Sie ein Gespräch in Gang bringen, greifen Sie ruhig auf Fragen nach den Lieblingssachen zurück.

- Fragen Sie als Blumenhändler nach der Lieblingsblume Ihrer Kunden.
- Fragen Sie an einer Café-Bar nach dem Lieblingskaffee einer Kundin. Falls es ein Latte macchiato ist, können Sie diesen zudem viel leichter verkaufen.
- Fragen Sie am Telefon nach dem Lieblingsferienort, wenn Sie hören, dass ein Kunde in die Ferien reist.
- Und fragen Sie unbedingt nach dem Lieblingsclub, wenn Sie hören, dass jemand sich für Mannschaftssport begeistert.

Sie kriegen postwendend viel persönlichen Touch in Ihre Gespräche mit Kunden.

Lieblingsgrüße aus der Kundenorientierungszentrale in Meggen!

Jörg Neumann

Das Comeback der Handschrift

The Weekly Empowerment

Das Comeback der Handschrift

Ihrer Handschrift geht es vielleicht schon genau gleich wie dem Kopfrechnen. Dank der uns ständig umgebenden technischen Hilfsmittel geht's mit solch veralteten Disziplinen steil bergab.

Beide haben das nicht verdient. Und Ihre Handschrift sollten Sie reichlich einsetzen. Sie kann nämlich Sympathieträger sein und motivierend wirken. Wie?

- Schreiben Sie die Anrede in Briefen an Kunden doch mal eine zeitlang von Hand und warten Sie die Reaktionen ab. Sie werden sehen: Es braucht gar nicht viel, um ein sympathisches Auftreten zu verstärken.
- Versenden Sie eine Meeting- oder Klausur-Einladung doch mal wieder von Hand. In einem richtigen Couvert statt per Email.
- Schreiben bzw. unterschreiben Sie Zeugnisse? Dann notieren Sie die Anrede auf dem Zeugnis doch von Hand. Dies ist dann ein Ausdruck besonderer Wertschätzung.
- Manches Protokoll ist durch die Vorlage lang, nicht durch den Inhalt. Notieren Sie ein To-do-Protokoll als Mindmap und geben Sie es bereits am Ende des Meetings ab. Falls es in der EDV auffindbar sein muss, können Sie es ja immer noch scannen.
- Wünschen Sie Ihrer Belegschaft doch mal einen fröhlichen und guten Arbeitstag: Am besten mit einem handschriftlichen Gruss am Firmeneingang.

Und falls Sie Kopfrechnen mal wieder üben wollen: Hier finden Sie drei Aufgaben.

$137 + 22 + 223 + 41 = \underline{\hspace{2cm}}$

$1,3 \times 17 = \underline{\hspace{2cm}}$

$12 + 16 \times 3 \times 9 = \underline{\hspace{2cm}}$

Geistesgegenwärtige Grüsse aus Meggen,

Jörg Neumann
joerg@nzp.ch

Schenken Sie Wissen mit Wirkung weiter! Anmeldungen via http://www.nzp.ch

Abbildung 41: Das Comeback der Handschrift

Mit Ihrer Handschrift ist es vielleicht schon genau wie beim Kopfrechnen: Dank der uns ständig umgebenden technischen Hilfsmittel geht es mit solch veralteten Disziplinen steil bergab. Beide haben das nicht verdient. Und Ihre Handschrift sollten Sie reichlich einsetzen. Sie kann nämlich Sympathieträger sein und motivierend wirken. Wie?

- Schreiben Sie die Anrede in Briefen an Kunden doch mal eine Zeit lang von Hand und warten Sie die Reaktionen ab. Sie werden sehen: Es braucht gar nicht viel, um ein sympathisches Auftreten zu verstärken.
- Versenden Sie eine Meeting- oder Klausureinladung von Hand. In einem richtigen Briefumschlag statt per E-Mail.
- Schreiben beziehungsweise unterschreiben Sie Zeugnisse? Dann notieren Sie die Anrede auf dem Zeugnis von Hand. Dies ist dann ein Ausdruck besonderer Wertschätzung.
- Manches Protokoll ist durch die Vorlage lang, nicht durch den Inhalt. Notieren Sie ein To-do-Protokoll als Mindmap und geben Sie es bereits am Ende des Meetings ab. Falls es in der EDV auffindbar sein muss, können Sie es ja immer noch scannen.
- Wünschen Sie Ihrer Belegschaft einen fröhlichen und guten Arbeitstag: Am besten mit einem handschriftlichen Gruß am Firmeneingang.

Und falls Sie Kopfrechnen mal wieder üben wollen: Hier finden Sie drei Aufgaben.

$137 + 22 + 223 + 41 =$ _____

$1{,}3 \times 17 =$ _____

$12 + 16 \times 3 \times 9 =$ _____

Geistesgegenwärtige Grüße aus Meggen,

Jörg Neumann

Wie Du mir, so ich Dir – aber positiv?

The Weekly Empowerment

Wie Du mir, so ich Dir – aber positiv?

Achten Sie einmal darauf, wie sich Menschen in Geschäftssituationen vorstellen. Das was sie über sich selbst sagen, klingt oft himmeltraurig und uninspiriert - egal ob zu Beginn einer Präsentation, zu Beginn eines Meetings oder ganz einfach beim Kennenlernen neuer Ansprechpartner.

Meistens erzählen sie über sich selbst nicht viel mehr als das, was auf der Visitenkarte steht. Dabei verpassen Sie die Chance, sich positiv von anderen abzuheben oder ganz einfach Gemeinsamkeiten zu entdecken.

Die eingangs zitierten Worte sind die Worte eines Kunden, für den wir ab Oktober Präsentations-Trainings durchführen werden. Ihm war ganz besonders gut in Erinnerung geblieben, wie wir uns zu Beginn unserer Präsentation des Schulungs-Konzeptes vorgestellt hatten. Dies überlassen wir ganz und gar nicht dem Zufall, allerdings war uns mittlerweile fast schon nicht mehr bewusst, dass es etwas Besonderes ist. Wir machen es nämlich so:

- Wenn mindestens zwei Teammitglieder zu einem Meeting oder einer Präsentation gehen, an der unsere Ansprechpartner uns persönlich noch nicht kennen, stellen wir uns gegenseitig vor.
- Dies wirkt teamorientiert, sympathisch, wertschätzend und abwechslungsreich. So vermeiden wir den langweiligen Eindruck, der durch übliche Vorstellungs-Floskeln entsteht.
- Zudem muss sich so niemand selbst als Spezialist oder Crack darstellen, sondern er wird vom Teamkollegen ins beste Licht gerückt: Das ist ein grosser Unterschied!

Kunden fallen solche feinen Töne durchaus auf – denn sie überprüfen völlig zu Recht instinktiv, wie diejenigen kommunizieren, die ihnen helfen sollen, erfolgreicher zu werden.

Wie stellen Sie oder Ihre Teammitglieder sich denn vor? Inspiriert oder eher nach der Methode Visitenkarte vorlesen?

Energiegeladene Grüsse!

Jörg Neumann
joerg@nzp.ch

Schenken Sie Wissen mit Wirkung weiter! Anmeldungen via http://www.nzp.ch

Abbildung 42: Wie du mir, so ich Dir – aber positiv?

Achten Sie einmal darauf, wie sich Menschen in Geschäftssituationen vorstellen. Was sie über sich selbst sagen, klingt oft himmeltraurig und uninspiriert – egal ob zu Beginn einer Präsentation, zu Beginn eines Meetings oder ganz einfach beim Kennenlernen neuer Ansprechpartner. Meistens erzählen sie über sich selbst nicht viel mehr als das, was auf der Visitenkarte steht. Dabei verpassen Sie die Chance, sich positiv von anderen abzuheben oder ganz einfach Gemeinsamkeiten zu entdecken.

Die eingangs zitierten Worte sind die Worte eines Kunden, für den wir ab Oktober Präsentationstrainings durchführen werden. Ihm war ganz besonders gut in Erinnerung geblieben, wie wir uns zu Beginn unserer Präsentation des Schulungskonzeptes vorgestellt hatten. Dies überlassen wir ganz und gar nicht dem Zufall, allerdings war uns mittlerweile fast schon nicht mehr bewusst, dass es etwas Besonderes ist.

Wie stellen Sie oder Ihre Teammitglieder sich denn vor? Inspiriert oder eher nach der Methode Visitenkarte vorlesen?

Energiegeladene Grüße!

Jörg Neumann

Kicker, Jenga, Darts & Co.

NeumannZanetti & Partner
The Empowerment Company

The Weekly Empowerment

Kicker, Jenga, Darts & Co.

Stellen Sie sich doch mal folgende Situationen bildlich vor:

1. In einem Spital stehen zwei Assistenzärzte und zwei Kranken-Pfleger in einem Pausenraum und spielen Jenga.
2. In der Wandelhalle des Finanzministeriums steht ein Tischfussball-Kasten und wird tatsächlich benutzt.
3. An einer Berufsschule spielen Lehrer und Schüler an jedem ersten Freitag eines Monats, um 16 Uhr, eine Stunde lang „Einer gegen Hundert".
4. Am Münchener Flughafen fällt ein Lufthansa Flug wegen betrieblicher Probleme aus. Daraufhin verteilen Mitarbeiter kleine Gesellschaftsspiele, Jonglierbälle und Spielkarten an die zum Warten gezwungenen Passagiere.
5. In der ABC Holding tagt der Verwaltungsrat. Es ist Teepausen-Zeit. Fünf Herren und drei Damen treten aus dem Meetingraum und spielen eine Runde Darts.

Völlig unvorstellbar?

Schade. Sehr schade!

Was ist denn nur los, wenn alle und alles so unter Zeitdruck ist, dass kaum jemals eine kleine (ent-)spannende Unterbrechung drin liegt?

Der Mensch hat wirklich zwei Gehirnhälften! Machen Sie es besser und trauen Sie sich, mit Ihrem Team mal wieder eine spielerische Pause einzulegen. Motivation, Konzentration und Teamgeist profitieren davon.

Spielerische Grüsse aus Meggen,

Jörg Neumann
joerg@nzp.ch

Abbildung 43: Kicker, Jenga, Darts & Co

Stellen Sie sich doch einmal folgende Situationen bildlich vor:

- In einer Klinik stehen zwei Assistenzärzte und zwei Krankenpfleger in einem Pausenraum und spielen Jenga.

- In der Wandelhalle des Finanzministeriums steht ein Tischfußball-kasten und wird tatsächlich benutzt.
- An einer Berufsschule spielen Lehrer und Schüler an jedem ersten Freitag eines Monats um 16 Uhr eine Stunde lang »Einer gegen Hundert«.
- Am Münchener Flughafen fällt ein Lufthansa-Flug wegen betrieb-licher Probleme aus. Daraufhin verteilen Mitarbeiter kleine Gesell-schaftsspiele, Jonglierbälle und Spielkarten an die zum Warten ge-zwungenen Passagiere.
- In der ABC Holding tagt der Verwaltungsrat. Es ist Teepausenzeit. Fünf Herren und drei Damen treten aus dem Meetingraum und spielen eine Runde Darts.

Völlig unvorstellbar?
Schade. Sehr schade! Was ist denn nur los, wenn alle und alles so unter Zeitdruck ist, dass kaum jemals eine kleine (ent-)spannende Unterbre-chung drin ist?
Der Mensch hat wirklich zwei Gehirnhälften! Machen Sie es besser und trauen Sie sich, mit Ihrem Team einmal wieder eine spielerische Pause einzulegen. Motivation, Konzentration und Teamgeist profitie-ren davon.

Spielerische Grüße aus Meggen,

Jörg Neumann

Huckepack-Verkauf

The Weekly Empowerment

Huckepack-Verkauf

Manche Verlage machen es. Denn wenn Sie ein Buch kaufen, finden Sie mittendrin oft einen kleinen Flyer mit Hinweisen aufs weitere Verlagsprogramm. Das ist clever. Hier wird eine Chance für Verkaufsförderung genutzt.

Parfümerien machen es auch. Allerdings oft mangelhaft. Denn wenn kleine Probepackungen abgegeben werden, geschieht dies zu oft ziemlich planlos. Denn das „Pröbchen" sollte auf den Kunden oder die Kundin passen und nicht nur deshalb das eingekaufte Produkt begleiten, weil die Gratismenge gross ist.

Wo schlummert bei Ihnen noch Huckepack-Verkaufspotenzial?

- Sollten Ihre Rechnungen im Couvert von charmanten Verkaufsinformationen begleitet werden?
- Sollten Sie Ihren Kunden öfter Informationen zu weiteren Produkten vorlegen? Als Autohändler nach dem Service-Termin gleich auf dem Beifahrersitz? Als Schuhhändler direkt im Karton? Im Restaurant mit Informationen zu den Weinen, die Sie „über die Gasse" verkaufen?
- Bieten Sie zu feinen Zigarren schwefellose Zündhölzer an?
- Oder führen Sie den P.S.-Satz in Ihren Email-Vorlagen ein?

Hinterfragen Sie das Thema bald, damit diese sehr kostengünstige Verkaufsförderung möglichst rasch Wirkung zeigt. Auf los geht's los.

Umsatzfreudige Grüsse

Jörg Neumann
joerg@nzp.ch

Schenken Sie Wissen mit Wirkung weiter! Anmeldungen via http://www.nzp.ch

Abbildung 44: Huckepack-Verkauf

Manche Verlage machen es. Denn wenn Sie ein Buch kaufen, finden Sie mittendrin oft einen kleinen Flyer mit Hinweisen auf das weitere Verlagsprogramm. Das ist clever. Hier wird eine Chance für Verkaufsförderung genutzt.

Parfümerien machen es auch. Allerdings oft mangelhaft. Denn wenn kleine Probepackungen abgegeben werden, geschieht dies zu oft ziemlich planlos. Denn das Pröbchen sollte zum Kunden oder zur Kundin passen und nicht nur deshalb das eingekaufte Produkt begleiten, weil die Gratismenge groß ist.

Wo schlummert bei Ihnen noch Huckepack-Verkaufspotenzial?

- Sollten Ihre Rechnungen im Umschlag von charmanten Verkaufsinformationen begleitet werden?
- Sollten Sie Ihren Kunden öfter Informationen zu weiteren Produkten vorlegen? Als Autohändler nach dem Servicetermin gleich auf dem Beifahrersitz? Als Schuhhändler direkt im Karton? Im Restaurant mit Informationen zu den Weinen, die Sie »über die Gasse« verkaufen?
- Bieten Sie zu feinen Zigarren schwefellose Zündhölzer an?
- Oder führen Sie den P.S.-Satz in Ihren E-Mail-Vorlagen ein?

Hinterfragen Sie das Thema bald, damit diese sehr kostengünstige Verkaufsförderung möglichst rasch Wirkung zeigt. Auf los geht's los!

Umsatzfreudige Grüße

Jörg Neumann

Kicker oder *Annabelle*?

The Weekly Empowerment

Kicker oder Annabelle?

Ein Samstagvormittag in Luzern. Das Frühstück liegt schon fast zwei Stunden hinter uns, das Zmittag aber noch eine gute Stunde vor uns. Die Grosseltern hüten unseren Sohn und ich begleite meine Frau beim Shoppen. Sie sagt, seit langem wieder mal.

Nein, kein Gedanke daran, dass ich ja auch eine Runde Golf hätte spielen können. Und schon gar kein Sinnieren über einen meiner Lieblingsweinhändler, bis zu dem es von der Luzerner Altstadt aus mit dem Auto nur 10 Minuten wären. Nein. Wenn schon, denn schon. Immerhin wird dieser Vormittag am Mühlenplatz enden, bei Salvi, einem unserer beiden Lieblings-Italiener.

Es geht von Geschäft zu Geschäft. In manche gleich mehrmals, ohne dass ich wirklich nachvollziehen könnte, warum. Immerhin gibt es hier und da ein Mineralwasser. Puh. Tut das gut. Und einmal gibt's sogar einen Nespresso. Der verdoppelt meine Geduld gleich wieder.

In einem Geschäft ohne jede Verpflegung fällt es mir auf, ja es wird zur Gewissheit. Ich sitze in einer Polstergruppe mit Blick auf die Umkleidekabinen. Vor mir auf dem Tisch im „American Club Style" liegen ein Dutzend Zeitschriften.

Und wissen Sie was?
Nicht eine hat mich wirklich interessiert!

Denn die Zeitschriften waren allesamt nicht für die Wartenden, sondern für die, die eh schon in den Kabinen sind.

Ich habe zwar gar nichts gegen Annabelle, Vogue & Co. Aber für eine abgegriffene und veraltete Ausgabe des KICKER hätte ich Luftsprünge gemacht!

Deshalb mein Tipp an den Einzelhandel:

Denkt auch mal an die Männer. Klar, allzu oft seht Ihr uns nicht in den Damen-Abteilungen. Aber trotzdem: Ein KICKER, eine automotorsport oder wenigstens die VINUM verlängern unser Einkaufsgeduld enorm! Positive Auswirkungen auf den Umsatz inklusive.

Sportliche Grüsse!

Jörg Neumann
joerg@nzp.ch

Schenken Sie Wissen mit Wirkung weiter! Anmeldungen via http://www.nzp.ch

Abbildung 45: Kicker oder Annabelle?

Ein Samstagvormittag in Luzern. Das Frühstück liegt schon fast zwei Stunden hinter uns, das Mittagessen aber noch eine gute Stunde vor uns. Die Großeltern hüten unseren Sohn und ich begleite meine Frau beim Shoppen. Sie sagt, seit Langem wieder einmal.

Nein, kein Gedanke daran, dass ich ja auch eine Runde Golf hätte spielen können. Und schon gar kein Sinnieren über einen meiner Lieblingsweinhändler, bis zu dem es von der Luzerner Altstadt aus mit dem Auto nur 10 Minuten wären. Nein. Wenn schon, denn schon. Immerhin wird dieser Vormittag am Mühlenplatz enden, bei Salvi, einem unserer beiden Lieblingsitaliener.

Es geht von Geschäft zu Geschäft. In manche gleich mehrmals, ohne dass ich wirklich nachvollziehen könnte, warum. Immerhin gibt es hier und da ein Mineralwasser. Puh. Tut das gut. Und einmal gibt es sogar einen Nespresso. Der verdoppelt meine Geduld gleich wieder. In einem Geschäft ohne jede Verpflegung fällt es mir auf, ja, es wird zur Gewissheit. Ich sitze in einer Polstergruppe mit Blick auf die Umkleidekabinen. Vor mir auf dem Tisch im »American Club Style« liegen ein Dutzend Zeitschriften. Und wissen Sie was? Nicht eine hat mich wirklich interessiert!

Denn die Zeitschriften waren allesamt nicht für die Wartenden, sondern für die, die eh schon in den Kabinen sind. Ich habe zwar gar nichts gegen *Annabelle*, *Vogue* & Co. Aber für eine abgegriffene und veraltete Ausgabe des *Kicker* hätte ich Luftsprünge gemacht!

Deshalb mein Tipp an den Einzelhandel: Denkt auch mal an die Männer. Klar, allzu oft seht Ihr uns nicht in den Damenabteilungen. Aber trotzdem: Ein *Kicker*, eine *Automotorsport* oder wenigstens die *Vinum* verlängern unsere Einkaufsgeduld enorm! Positive Auswirkungen auf den Umsatz inklusive.

Sportliche Grüße!

Jörg Neumann

Bastelanleitung für eine Papierrose

Zum Glück gibt es sie doch: die verblüffenden und begeisternden Leistungen im Alltag. Und falls Sie als Kunde eine solche erfahren durften, dann zeigen Sie doch wertschätzende Anerkennung und bedanken Sie sich beim Erbringer dieses außerordentlichen Services. Damit motivieren Sie vorbildliche Zeitgenossen, auch in Zukunft die Energie in dieser Weise im Kundenkontakt einzusetzen.

Damit Sie nebst dem Überbringen der motivierenden Lobesworte auch selbst noch etwas Verblüffendes ins Spiel bringen können, verraten wir Ihnen hier und jetzt, wie Sie aus einer ganz simplen Papierserviette eine wunderschöne Papierrose entwerfen. Folgen Sie den sechs einfachen Schritten bis zur fertigen Rose.

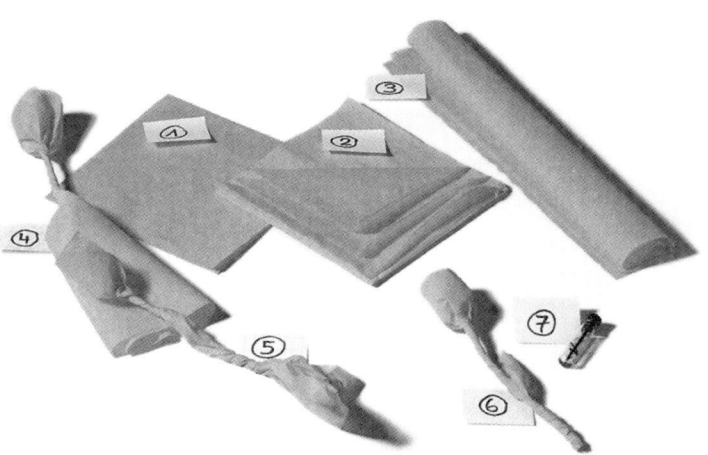

Abbildung 46: Faltrose Schritt für Schritt

- Schritt 1: Nehmen Sie eine ganz normale Papierserviette zur Hand. Speziell beschichtete oder auch Stoffservietten eignen sich nicht für Ihre Papierrose.

- Schritt 2: Papierservietten bestehen in der Regel aus zwei oder drei Lagen. Wir benötigen nur eine Schicht. Trennen Sie deshalb die einzelnen Lagen voneinander. Am einfachsten geht dies an einer der Ecken oder am Rand der Serviette.
- Schritt 3: Falten Sie die Serviette in der Mitte und rollen Sie diese längsseitig in eine Richtung. Der Durchmesser beträgt etwa 3 bis 4 Zentimeter. Suchen Sie danach das schönere Ende für Ihren Rosenkelch aus.
- Schritt 4: Halten und drücken Sie mit Daumen und Zeigefinger die Serviettenrolle im oberen Viertel zusammen. Anschließend beginnen Sie mit der anderen Hand unterhalb mit dem Zwirbeln und Drehen des Rosenstiels, bis etwa zur Hälfte. Drehen Sie immer in die gleiche Richtung und achten Sie darauf, dass der Stiel richtig fest und kompakt wird.
- Schritt 5: Jetzt kommt das knifflige Detail. Halten Sie die Rose weiterhin zwischen Daumen und Zeigefinger in einer Hand. Mit der anderen nehmen Sie eine der freiliegenden Serviettenecken und führen sie zur Stielhälfte, wo Sie die Ecke als Stielblatt positionieren wollen. Danach zwirbeln und drehen Sie unterhalb des Blattes weiter, bis Sie am unteren Ende angelangt sind.
- Schritt 6: Das unansehnliche Ende trennen Sie ganz einfach von Hand oder mit einer Schere ab. Mit dem kleinen Finger oder einem Kugelschreiber büscheln Sie zum Abschluss nochmals die Rosenblüten, damit die Ähnlichkeit derjenigen einer echten Rose verblüffend nahekommt.

Tipp

Beträufeln oder besprühen Sie die Rose mit einem fein duftenden Parfum. Besonders gut geeignet sind dafür die kleinen Musterfläschchen aus Drogerien und Parfümerien, die Sie jederzeit bequem bei sich tragen können.

Und nun wünschen wir Ihnen viele leuchtende Augen und strahlende Gesichter, welche Sie erleben werden, wenn Sie diese Rose aus dem Nichts hervorzaubern und mit passenden Worten überreichen.

Auswertung zum Kundenverblüffungstest

Punktevergabe

Damit Sie erfahren, wie gut Sie beim Test abgeschnitten haben, vergleichen Sie Ihre Antworten mit unten stehender Punktezusammenstellung. Danach zählen Sie ganz einfach alles zusammen. Wie es um Ihr Verblüffungspotenzial steht, entnehmen Sie der Auswertung im Anschluss.

	A	B	C	D
Situation 1	1	2	4	7
Situation 2	0	2	5	7
Situation 3	1	2	4	7
Situation 4	1	3	5	5
Situation 5	0	3	4	7
Situation 6	0	3	5	6

Sind Sie schon ein Verblüffungskünstler?

Trommelwirbel und Fanfaren begleiten die Auflösung des Kundenverblüffungstests. Wir spannen Sie nicht mehr länger auf die Folter – lesen Sie nun, wie Ihr Potenzial in Sachen Kundenverblüffung aussieht.

3–15 Punkte: Der zuvorkommende Kundenbediener

Gute Ansätze sind vorhanden. Das beweist nur schon der Fakt, dass Sie sich mit diesem Test auseinandergesetzt haben. Kann es sein, dass Sie in Ihrem eigenen Berufsalltag von etwas gehemmt oder zurückgehalten werden? Also Gründe, die Sie daran hindern, Top-Serviceleistungen zu bringen? Bestimmt hilft Ihnen hierzu das Thema »Erfolgsfaktoren« im Kapitel 3 weiter, damit Sie die Hinderungsgründe erkennen und diese minimieren können.

Wenn Sie der Meinung sind, die Philosophie der Kundenverblüffung sei auch für Sie und Ihr Aufgabenfeld die richtige Strategie, um Kunden gelegentlich mehr zu bieten, als sie erwarten – dann ist Ihnen der erste wichtige Schritt gelungen. Gut möglich, dass Sie von nun an mit wachem Geist und offenen Augen – auch als Kunde selbst – die einzelnen Begegnungen und Kundenkontakte analysieren. Die daraus gewonnenen Erkenntnisse führen Sie bereits in die richtige Richtung. Das sieht doch sehr vielversprechend aus!

16–27 Punkte: Der begeisternde Kundenbetreuer

Das lässt sich sehen! Kompliment! Sie bewegen sich weit ab vom Pflichtprogramm. Tag für Tag begegnen Sie den Herausforderungen des Berufsalltags mit einer positiven Grundhaltung. Kunden stehen bei Ihnen im Zentrum. Es ist für Sie ein Muss, Ihre Bequemlichkeitszone zu verlassen. Sie lieben nicht nur Ihre Tätigkeit und Ihr Aufgabenfeld, Sie schätzen vor allem den facettenreichen Kundenkontakt.

Es kann gut sein, dass Sie sich in gewissen Situationen erst im Nachhinein bewusst sind, dass Sie hier noch kundenorientierter hätten handeln können. Möglicherweise fehlt es Ihnen manchmal auch an der gewissen Würze in Sachen Kreativität? Dann lassen Sie sich doch zusätzlich von diesem Buch inspirieren. Für Sie sollte es ein Leichtes sein, die vielen Beispiele und Erlebnisse auf Ihr berufliches Umfeld umzuwandeln und anzupassen. Dazu wünschen wir gutes Gelingen!

28–39 Punkte: Der zauberhafte Kundenverblüffer

Wow – wir sind sprachlos und verneigen uns! Hatten Sie den Virus schon in die Wiege gelegt bekommen? Oder ist Ihnen im Verlauf Ihrer

Berufslaufbahn ein Licht aufgegangen? Wie auch immer, Sie gehören definitiv in die höchste Klasse der Kundenverwöhner und Gästeverzauberer. Sie tragen Ihre Kunden auf Händen, ohne dabei die wirtschaftlichen Ziele des Unternehmens zu vergessen. Sie bringen mit Leichtigkeit alles unter einen Hut.

Dass Sie dabei immer lächeln, nur von Lösungen sprechen und Ihre kreative Ader zielgerichtet einsetzen, ist selbstverständlich. Genauso wie die Tatsache, dass man zwar schlechte Tage haben darf, Sie diese aber auf zwei bis drei im Jahr beschränken. Sie sind wirklich ein tolles Vorbild und kaum zu bremsen. Das wirkt auf andere ansteckend und motivierend. Genial, wenn Sie diese positive Energie weiter im Sinne der Kundenverblüffung versprühen! Let's rock!

40 und mehr Punkte: Der Falschzusammenzähler

Ups – da ist etwas falsch gelaufen beim Zusammenzählen der Punktezahl. Versuchen Sie es doch nochmals. Falls Sie danach immer noch auf 40 und mehr Punkte kommen, muss es sich um einen Druckfehler handeln ...

Autoreninformation

Jörg Neumann

ist Geschäftsführer von NeumannZanetti & Partner, Führungskräfte-Trainer, gefragter Speaker an Management-Tagungen und Autor des sehr erfolgreichen Newsletters „The Weekly Empowerment.« Nach seiner eigenen Vertriebskarriere in der Luxus-Hotellerie beschloss er 1997, fortan sein Wissen pragmatisch weiterzugeben. Heute zählen die Themen Auftrittskompetenz, erfolgreich Verhandeln, wertschätzend Führen sowie Kundenverblüffung zu seinen Spezialitäten. 43-jährig, lebt er mit seiner Familie seit 18 Jahren putzmunter als Deutscher in der Schweiz.

Philip Eicher

ist ein Kundenverblüffungs-Profi der Extraklasse. Als Verkaufstrainer brachte er jahrelang die Kundenkontakte der Schweizerischen Bundesbahnen zum Fliegen. Seit seinem Start im NeumannZanetti & Partner-Team 2007 tragen viele bekannte Unternehmen seine Dienstleistungshandschrift. Ganz besonders, wenn es darum geht, die eine oder andere Gewohnheit im Kundenkontakt zu überwinden – inspirierend und praxistauglich. Er ist ein begeisterter Musikfan und als Kunde wie als Trainer nah am Puls der Zeit!

Danksagung

Eine großes Merci geht ans NeumannZanetti & Partner Team
mit dem wir Kundenverblüffung schon so lange und fröhlich im Alltag leben und weiterentwickeln. Es ist ein großes Privileg, in einem Team zu arbeiten, in dem echter Team-Spirit und Werte wirklich noch etwas zählen.

Merci, Simone Odermatt
Auch wenn bei uns Autoren manchmal die Köpfe rauchten – Simone Odermatt behielt immer kühlen Kopf. Sie hat im Hintergrund die Fäden gezogen und dafür gesorgt, dass Wort und Bild als klar strukturierte Inhalte abgelegt wurden. „Danke, dass du uns in vielen Momenten und Phasen des Schreibens flexibel und spontan unterstützt hast!"

Danke, Mateo Graf
Zufall oder nicht? Der junge Dreikäsehoch trägt beinahe den gleichen Vornamen wie „unser Matteo" aus dem Buch. Mit viel Begeisterung hat er sich daran gemacht, die Geschichten der Kinder in deren Sprache und Wortlaut wiederzugeben. „Lieber Mateo, voll coolen Dank dafür, dass du diese Geschichten mit viel Talent und authentisch mitgestaltet hast. Einige deiner Zeilen lösen beim Leser bestimmt spontane Schmunzler und Lacher aus."

Merci, Alexandra Furrer und Beat Hunziker
für Eure inspirierenden Gedanken und die Mitarbeit an der Geschichte »Ich hab's ja gewusst.«

Danke, Cyril Strebel,

dass du uns erzählt hast, was dir bei Klassenausflügen bisher gefallen hat und was nicht. Mit diesen Beispielen konnten wir die »Verstaubte Geschichte« bereichern.

Dankeschön, Fabienne Angehrn

Dir ist es gelungen, unseren Darstellern ein sympathisches, dynamisches Gesicht zu verleihen. Kein Wunder, hast du für deine kreative, frische Herangehensweise 2010 die Auszeichnung »Designpreis Deutschland GOLD« erhalten Wir schließen uns diesem Kompliment mit herzlichen Dankesworten an.

Weitere inspirierende Publikationen von NeumannZanetti & Partner

Jörg Neumann: Formulieren ohne Floskeln
Redline Verlag, ISBN 978-3-636-01588-4

Jörg Neumann: Ihr Auftritt zum Erfolg – Präsentationen souverän meistern
orell füssli Verlag, 2004, ISBN 3-280-05088-X

Daniel Zanetti: Best of Weekly Empowerment 1999-2007
Verlag Textwerkstatt 2007; ISBN 978-3-9523245-8-5

Daniel Zanetti: 1001 Tipps zur Mitarbeitermotivation. Verblüffende
Ideen für einen motivierenden Geschäftsalltag.
Redline Verlag 2001; ISBN 978-3-636-01537-2

Daniel Zanetti: Amaze your customers! Creative tips on winning & keeping your customers.
Kogan Page, 2006, ISBN 0-7494-4557-2

Daniel Zanetti: Vom Know-how zum Do-how: Ein Buch für Macher, Econ Verlag 2006: ISBN-13: 978-3-430-19993-3

Daniel Zanetti: Das Love Story Prinzip
Verlag Textwerkstatt 2008, ISBN 978-3-905848-12-0